DEMONSTRATION
D'UNE
METHODE,
POUR RESOUDRE
LES EGALITEZ
DE TOUS LES DEGREZ;

Suivie de deux autres Methodes, dont

La premiere donne les moyens de resoudre ces mêmes égalitez par la Geometrie,

Et la seconde, pour resoudre plusieurs questions de Diophante qui n'ont pas encore esté resoluës.

A PARIS,
Chez JEAN CUSSON, ruë saint Jacques, à l'Image de saint Jean Baptiste.

M. DC. XCI.

AVEC PERMISSION.

A

MONSIEUR L'ABBÉ

DE LOUVOIS

ONSIEUR,

La bonté que vous avez euë d'agréer les principes generaux des Mathematiques que j'ay eu l'honneur de vous dédier, m'engage à vous offrir encore la ſuite de ce même Ouvrage. Elle renferme la démonſtration de cette Methode, qui a pour objet la partie la plus importante de l'Algebre, avec une autre Methode pour reſoudre les Equations Geometriques; & on y trouve auſſi le moyen de reſoudre pluſieurs queſtions de Diophante qui n'ont point encore eſté reſoluës par ſes Commentateurs.

Je vous ſupplie, MONSIEUR, d'accepter cette continuation de mes veilles que je vous ay conſacrées pour marque du profond reſpect avec lequel je ſeray toute ma vie,

MONSIEUR,

Vôtre tres-humble & tres-obeïſſant ſerviteur,
ROLLE.

PREFACE

POUR connoître un sujet avec toute l'évidence dont nous sommes capables, il faut necessairement qu'il soit proportionné à la portée de notre esprit. Moins il participe à cette proportion, plus la connoissance que nous en avons doit estre imparfaite ; & il y a une étenduë hors de laquelle on tombe dans le doute ou dans l'erreur.

Les Methodes Mathematiques consistent à regler l'action de l'esprit, & à rendre les propositions si simples, que le peu de difficultez qui sont comprises dans chacune puissent estre resoluës par les seules lumieres naturelles, c'est à dire par le secours de certaines veritez generalement répanduës dans tous les hommes, que les Mathematiciens ſuppoſent au commencement de leurs Ouvrages. Mais dans les Ouvrages mêmes où ils demandent qu'on leur accorde ces veritez, ils ne laiſſent pas d'en prendre d'autres dont ils n'avertiſſent point; & il s'en trouve même qui ſuppoſent en nous des idées fauſſes ou impoſſibles.

Les termes generaux dont on ſe ſert pour les démonſtrations, ne marquent autre choſe que l'intention de l'Auteur. Ce n'eſt pas ſeulement ſes figures, ſes conſtructions, ni ſes raiſonnemens qui font recevoir ſes concluſions generales : tout cela ne fait qu'exciter en nous des idées; mais on ne ſe rend à ſes preuves que lors qu'on voit clairement que ces mêmes idées ont un rapport neceſſaire avec leurs objets. Il y a neanmoins pluſieurs Mathematiciens qui n'ont pas toûjours égard à ce rapport; & il s'en trouve même aujourd'huy dont les frequentes méprises feroient croire qu'il se forme en eux une habitude à se tromper sur l'idée de l'infini.

Pour démontrer une Methode, il faut prouver qu'elle convient à tout le sujet pour lequel on l'a formée ; & que quand elle ne découvre point ce que l'on cherche, il est impossible de le trouver par toutes les autres voyes. Si l'on se dispense de donner cette condition aux Methodes, il est aisé d'en former autant que l'on voudra, & de se servir des termes consacrez aux productions les plus parfaites pour qualifier les plus deffectueuses.

La Methode que j'ay donnée dans mon Traité d'Algebre sous le nom de Cascades, ayant eu l'approbation de plusieurs personnes intelligentes en Mathematique, j'ay suivy le sentiment de ceux qui m'ont conseillé d'en donner la démonstration au Public, en attendant que j'aye occasion de finir mon Algebre speculative. Cette Methode est celle qu'on avoit le plus desiré en Algebre ; & l'on y trouve les avantages de la Theorie & de la Pratique. Mais comme on en desiroit encore une autre pour resoudre par la Geometrie les égalitez qui sont conceuës en termes generaux & en termes particuliers, je donne icy celle que j'avois promise sur ce sujet.

On trouvera icy dans ce petit livre une autre Methode pour resoudre une question de Diophante, à laquelle se reduisent plusieurs autres questions du même Auteur, dont je ne sçache point que personne ait encore donné la resolution. Et quoy que cette Methode ne soit pas aussi considerable que les deux autres, il est certain qu'elle n'a point d'exceptions ; & l'on peut toûjours s'en servir jusques à ce qu'on en ait une meilleure.

Je ſerois entré dans un plus grand détail, & j'aurois donné une autre forme à ce petit Ouvrage: Mais outre que je craignois d'ennuyer par là ceux que j'entreprens de perſuader, j'ay encore pluſieurs raiſons qui ne m'ont pas permis d'en uſer autrement.

Ce n'eſt pas que j'aye aucun deſſein de ſupprimer les termes de l'Algebre dont je me ſers en Mathematique; je ſuis incapable de cet amuſement: je ne ſçaurois retourner mille & mille fois les inventions de nos ayeux pour en tirer quelques theorêmes. Et comment pourrois je m'y reſoudre à la veuë d'une ſcience qui produit tous ces effets, & qui découvre des veritez infiniment plus éloignées?

On voit des Auteurs renoncer à l'Algebre, & recourir à l'Algebre dans un même Ouvrage. Mais lors qu'elle ceſſe de les ſoûtenir, ils rampent auſſi-tôt dans la bagatelle, quoyque depuis long-temps ils fassent profession de travailler au progrés des Mathematiques. Jargon pour jargon, j'estime autant celuy de l'Algebre, que celuy de la Geometrie. Si je preferois celuy-cy, ce ne seroit seulement que pour m'accommoder aux préjugez : car l'Algebre perd une partie de sa feconditè, quand on luy oste les signes dont elle se sert ; & l'on ne doit point favoriser la paresse aux depens de la verité.

L'Algebre n'employe que trois signes pour exprimer ces cinq verbes, Ajoûter, Soustraire, Multiplier, Diviser, Egaler. Les noms se marquent par des signes arbitraires, & les autres termes qui sont utiles, sont en fort petit nombre. Ainsi la Langue Algebrique, s'il est permis de parler ainsi, est fort simple : c'est aussi pour cela qu'on se la rendroit familiere en peu de temps, si l'on pouvoit se dépoüiller des préventions qu'on a conceuës contre la science où elle sert. Je ne parle point du langage que tiennent certaines gens qui ne sçavent pas l'Algebre, ou du moins qui la sçavent fort imparfaitement, parce qu'on voit assez que leurs discours sont l'effet de leur insuffisance ; & l'on voit aussi qu'ils employent toute leur adresse pour échaper aux éclaircissemens qui découvriroient leurs veritables motifs.

PERMISSION.

VEu l'Approbation de l'Academie Royale des Sciences du trentiéme jour de Decembre 1690. permis d'imprimer. FAIT ce 23. Avril 1691.

DE LA REYNIE.

DEMONSTRATION

D'UNE METHODE

POUR RESOUDRE LES EGALITEZ de tous les Degrez.

A Monsieur L. C. de C.

MONSIEUR,

Pour répondre aux principales Objections que l'on a faites contre la Methode des Cascades Algebriques, il faut démontrer que cette Methode est infaillible dans tous ses cas; & même vous faire sentir qu'on ne peut pas en former une autre pour le même sujet à moins que d'y employer directement, ou indirectement ces Cascades. Mais pour les objections qui ne regardent point cette infaillibilité, je ne vois pas qu'il soit necessaire d'y répondre; & je suis persuadé que les Mathematiciens qui les ont faites changeront de sentiment, s'ils veulent bien y faire quelque attention. Car la methode des Cascades Algebriques n'est autre chose qu'une methode generale pour extraire toutes les racines; de même que l'extraction ordinaire est une methode pour extraire les racines de quelques égalitez seulement; & il ne faut que comparer les jugemens que ces Messieurs ont porté de l'une & de l'autre, pour y reconnoître leur prévention.

Ils disent que la methode des Cascades est seule suffisante pour extraire toutes les racines de chaque égalité, & que l'extraction ordinaire ne découvre qu'une seule racine : Que la premiere embrasse toutes les égalitez déterminées, quelque nombre de termes qu'elles ayent ; & que la seconde ne suffit que pour les égalitez de deux termes seulement. Ainsi estant satisfaits, comme ils le disent, du calcul auquel celle-cy engage ; ils ne doivent pas trouver étrange que la methode des Cascades oblige à un plus grand calcul, puisque son objet est beaucoup plus vaste.

L'extraction generale par les Cascades prescrit combien il faut faire d'exclusions, au plus, pour trouver les racines, & chaque exclusion se fait par des regles qui ne donnent jamais lieu de hesiter un moment. L'extraction particuliere est tastonneuse aussi : & quand on entreprendra de bien regler son tastonnement, on s'appercevra qu'il faut faire autant d'essais que dans l'extraction generale, toutes choses d'ailleurs étant égales. Mais puisque ces personnes n'envisagent point comme un defaut le tastonnement de l'extraction particuliere, pourquoy regarder comme une faute les exclusions reglées que prescrit la methode generale ? Que si l'on pretend qu'il soit possible d'éviter les tentatives dans l'une & dans l'autre extraction, on n'a qu'à considerer que les quantitez non-continuës étant renfermées sous d'autres quantitez de même nature, on ne sçauroit y aller que par des intervales, & qu'alors l'exclusion est necessaire. La Science peut diminuer le nombre des tentatives en augmentant le nombre des Regles: Elle peut en faciliter la pratique par des Tarifs, & en plusieurs autres manieres; mais elle ne peut pas les faire éviter entierement : & il seroit aisé de prouver cette impossibilité. Je ne parle point icy du tâtonnement, qui n'a point de terme fixe, ni de celuy qui ſuppoſe pour eſtre reglé, une connoiſſance conſiderable ; parce que les deux extractions que je compare étant methodiques, elles ſont exemptes de ces defauts.

L'extraction particuliere agit ſur des égalitez qui ſont exprimées, tantoſt en termes Algebriques, & tantoſt en termes ordinaires. On voit auſſi que differens Auteurs l'ont énoncée en l'une, & en l'autre maniere. Mais les égalitez qui font le ſujet de l'extraction generale, n'ayant eſté exprimées qu'en termes analytiques, j'ay dû me conformer à cette expreſſion ; & il ſeroit aiſé de l'énoncer en termes communs ſi on vouloit l'introduire dans l'Aritmetique commune. Ainſi la troiſiéme objection que l'on vous prête, ne tend qu'à diſputer du ſigne, ou du mot en matiere de Mathematique. De plus, il eſt aiſé de démontrer l'extraction generale, & de l'expliquer par les principes mêmes dont on se sert pour démontrer, & pour expliquer l'extraction particuliere, comme vous le vetrez dans la suite.

Toutes ces comparaisons peuvent encore servir pour faire voir que la quatriéme objection que vous produisez, ne roule aussi que sur des préjugez. N'est-il pas vray que pour resoudre les égalitez qui sont le sujet de l'extraction particuliere, on ne demande jamais d'autre canon que l'extraction même? Qu'on ne demande point que les racines extraites soient exprimées par les signes seuls qui sont introduits pour des operations plus simples. Cependant les personnes, dont vous me parlez, pretendent que l'extraction generale devroit exprimer toutes les racines chacune separément en termes generaux, & par des signes seulement qui ne furent jamais introduits que pour exprimer des operations beaucoup moins composées. Mais si l'on considere l'origine & le progrés de cette prévention, on verra qu'il étoit difficile de s'en défendre, à moins que d'y apporter une attention particuliere. Les plus sçavans Algebristes ayant entrepris de former une Methode pour exprimer par des signes radicaux les racines qui sont le sujet de nos Cascades, & cette Methode ayant esté le principal sujet de leurs recherches, on est porté à les suivre dans leur dessein; & on s'y engage naturellement, si l'on ne considere que les avantages qu'ils se proposoient, sans considerer les veritables inconveniens, où ils devoient tomber. Car il auroit suffi de trouver des lignes moyennes proportionnelles entre deux lignes données, pour resoudre les égalitez Geometriques; & il n'auroit fallu que l'extraction ordinaire pour resoudre les égalitez numereuſes. D'ailleurs cette extraction conſacrée par les Anciens étant reçuë de tous les Modernes, il ſemble qu'il étoit plus à propos d'en profiter, en y réduiſant les égalitez qui ont plus de deux termes, que de former une extraction generale. Toutes ces belles veuës, & d'autres encore, inſpiroient de beaux ſentimens, & faiſoient oublier les peines inutiles que l'on ſe donnoit pour réüſſir dans ce deſſein. Mais il a été prouvé dans le quatriéme livre du Traité d'Algebre, que le ſuccés de cette entrepriſe eſt abſolument impoſſible; & ſi vous ſouhaitez quelque éclairciſſement ſur ces preuves j'eſpere de vous contenter.

Si l'on ſuppoſe cette impoſſibilité, ou la neceſſité des Caſcades, on peut en conclure que l'égalité déterminée priſe en general, eſt le terme où vont mourir l'une & l'autre Algebre. Car ayant employé la ſpecieuſe, ou la numereuſe pour réduire à une égalité ſeulement la difficulté de chaque queſtion Algebrique ; il faut aprés cela deſcendre dans l'Aritmetique, ou dans la Geometrie, pour exprimer par des nombres, ou par des lignes, les racines de cette égalité. Cependant ſi les methodes par leſquelles on doit trouver ces racines, n'eſtoient pas encore formées, on pourroit ſe ſervir utilement de l'Algebre pour leur formation ; & l'on peut auſſi donner differentes formes à chaque égalité par le moyen de cette Science. Mais generalement parlant, toutes ces differentes formes ne diſpenſeront pas toûjours des Caſcades ; & il ſera toûjours vray de dire que, comme l'extraction ordinaire auroit dû luy ſucceder immediatement dans la reſolution des queſtions, ſi ces Algebriſtes euſſent réüſſi ; c'eſt aujourd'huy l'extraction generale qui produit cet effet, & qui doit commencer où l'Algebre finit : Excepté en certains cas particuliers; où la voye generale ne doit pas être, ni la voye necessaire, ni la voye la plus courte.

Au reste, je souhaiterois pour vôtre satisfaction que l'on pûst perfectionner la Geometrie autant que vous le desirez sans le secours de l'Algebre : mais si vous suivez vôtre dessein, l'experience vous desabusera bien-tost, & vous verrez combien il est avantageux d'avoir en main les Sciences instrumentales pour perfectionner les autres Sciences. Comme l'Algebre en est une, & que les égalitez qui font le sujet de la Methode des Cascades, sont aussi la partie la plus importante de cette Science; je tâcheray d'expliquer bien clairement cette Methode, & d'en faire voir l'usage. Mais auparavant il est à propos de démontrer qu'elle est infaillible, & c'est pour vous en convaincre que je marqueray icy les moyens qui peuvent servir à cette démonstration.

Article I. Il y a des veritez que je sous-entendray, parce qu'elles sont claires, ou receuës de tous les Mathematiciens; & il y en a d'autres que je marqueray, quoy qu'évidentes, pour regler mes citations. Je supposeray que l'on ait entendu l'énoncé de la Methode dont il s'agit, & que les égalitez ayent été produites par la Multiplication, selon la maniere ordinaire.

Je supposeray encore que toutes les racines de chaque égalité soient effectives, differentes, & positives; & aprés avoir donné des preuves qui conviennent à cette formation & à ces racines, je m'en serviray pour faire des Démonstrations qui conviennent à toutes les formations d'égalitez, & à toutes leurs racines.

Article II. Si l'on a des produisans, comme $z-a$, $z-b$, dont z est l'inconnuë, & si l'on substituë un nombre quelconque au lieu de cette inconnuë ; je dis que le produit des resultats, qùe doit donner cette substitution, est égal au resultat qui doit venir en substituant ce même nombre dans l'égalité composée de ces produisans.

Explication. Soit c l'expression du nombre donné : Si ce nombre est substitué au lieu de z dans $z-a$, $z-b$, la substitution donnera ces deux resultats $c-a$, $c-b$, dont le produit est
$$cc-ac+ab \atop -bc$$

Cela posé, si l'on multiplie $z-a$ par $z-b$ il en viendra l'égalité
$$zz-az+ab=0 \atop -bz$$
dans laquelle substituant c au lieu de z, on aura pour resultat
$$cc-ac+ab \atop -bc$$
, qui est aussi le produit des deux resultats $c-a$, $c-b$. Et il est si évident que cela arrivera toûjours conformément à l'énoncé de ce second Article.

Article, qu'il est inutile d'en parler davantage icy.

Article III. Si un nombre positif multiplie un nombre quelconque, le produit de la Multiplication aura toûjours le signe du nombre qui a esté multiplié. C'est à dire que si + multiplie − le produit aura −, & que si + multiplie + le produit aura +. Cette verité n'est là que pour estre citée commodément.

Article IV. Si la multitude de plusieurs nombres negatifs est exprimée par un nombre pair, leur produit est positif : Et si leur multitude est exprimée par un nombre impair, leur produit est negatif.

Explication.

Le produit de... $-a$, $-b$. est $+ab$.
Le prod. de... $-c$. $-a$. $-b$. est $-ab$.
Le pr. de $-d$. $-c$. $-a$. $-b$. est $+dcab$
Et ainsi de suite à l'Infini. Cela est évident.

Corroll. Les produits, comme $+ ab. - cab. + dacb.$ &c. seront alternativement l'un positif, & l'autre negatif, si la multitude des produisans negatifs augmente toûjours selon la progression naturelle, 1. 2. 3. 4. 5. 6. &c.

ARTICLE V. Si l'on prend des nombres positifs autant que l'on voudra; Si ces nombres sont tellement disposez que chacun surpasse celuy qui le precede immediatement; Si de chaque nombre on soustrait tous les autres chacun separément, & si l'on multiplie mutuellement tous les restans que donnent les soustractions de chaque nombre, en sorte qu'il y ait autant de multiplications mutuelles qu'il y a de nombres: Il arrivera que ces produits mutuels seront alternativement positifs & negatifs, ou negatifs & positifs.

Explication. Soit pour exemple cette suite de nombres.

2. 5. 7. 8. 12.

Si du premier on oste chacun des autres, on aura les restes dont la suite est marquée par la lettre A.

A . . . — 3. — 5. — 6. — 10.

Si du second on oste tous les autres chacun à part, il restera.

B.... + 3. — 2. — 3. — 7.

Si du troisiéme on oste chacun des autres, on aura ces restans.

C. . . + 5. + 2. — 1. — 5.

Si du quatriéme on oste les autres chacun separément, il restera.

D... + 6. + 3. + 1. — 4.

Et si du cinquiéme on oste chacun des autres, il reste.

E. . . + 10. + 7. + 5. + 4.

Suivant les Articles 3. & 4.

Le produit des restes A. donne +.

Le produit des restes B donne —.

Le produit des restes C donne +.

Le produit des restes D donne —.

Le produit des restes E donne +.

Où l'on voit que ces produits donnent alternativement + & —.

Mais si la multitude des nombres proposez estoit exprimée par un nombre pair, les produits auroient donné alternativement — & +. Ce qu'il falloit expliquer.

Pour la démonstration. Observez que dans A tous les restes seront negatifs; Que dans B ils seront tous negatifs excepté un; Que dans C ils seront tous negatifs excepté deux, & ainsi de suite. Cela est évident. D'où il suit que ces produits donneroient alternativement + & —, ou — & + s'il n'y avoit que des negatifs, selon l'Article 4. Mais les positifs donnent toûjours +, & un + multipliant un autre signe ¢, ce signe ne change point suivant l'Article 3. Ainsi les positifs ne troubleront point l'entresuite reguliere que donnent les produits des negatifs. Donc les produits mutuels comme A. B. C. &c. seront alternativement positifs & negatifs, ou negatifs & positifs. Ce qu'il falloit prouver.

Corrol. I. Il est évident que les produits donneroient aussi alternativement + & —, ou — & +, si l'on commençoit les Soustractions par le plus grand nombre, au lieu de commencer par le plus petit; puisqu'il n'y a qu'à retrograder.

Corrol. II. Il est encore manifeste que la proposition ne seroit pas moins véritable, si les Soustractions se faisoient par le signe — & sans abreger les restans. Ainsi dans l'exemple cy-dessus, ayant osté du premier nombre chacun des autres, on pouroit exprimer les restes en cette maniere: 2 — 5. 2 — 7. 2 — 8 2 — 12. au lieu de — 3. — 5. — 6. — 10. Et comme les uns sont égaux aux autres chacun au sien, il est clair que le produit des uns sera égal au produit des autres selon l'Article 2. & par consequent leurs signes seront les mêmes.

Corrol. III. Il est encore clair que la proposition ne seroit pas moins certaine si les nombres étoient exprimez en termes generaux, c'est à dire par des lettres.

ARTICLE VI. Si l'on prend de suite autant de racines qu'on voudra qui soient positives, & differentes, comme 3. 7. 12. 20. &c. alors les produisans des égalitez qui doivent renfermer ces racines, seront tels qu'on les voit icy.

$z - 3. z - 7. z - 12. z - 20.$ &c.

Cela posé, & dans cet ordre. Il est évident que si l'on substituë 0 au lieu de z, ou bien un nombre plus petit que la premiere racine, les resultats seront tous negatifs; Que si l'on substituë un nombre plus grand que la premiere racine, & moindre que les autres, les resultats seront tous negatifs, excepté un; Que si l'on substituë un nombre plus grand que les deux premieres racines, & moindre que les autres, les resultats seront tous negatifs, excepté deux; & ainsi de suite. Mais si l'on fixe la multitude des racines, alors la substitution d'un nombre qui surpasse la plus grande racine, donnera par tout +. Cela est clair. D'où il suit que si l'on multiplie entr'eux tous les resultats que donne la substitution de chaque nombre, en sorte qu'il y ait autant de produits mutuels qu'il y a de nombres ; ces produits seront alternativement positifs & negatifs ; ou negatifs & positifs, selon l'Article cinquiéme.

Corroll. I. Il est clair que ces nombres ainsi qualitifiez, donneroient par leur substitution l'entresuite reguliere des signes, & qu'en cela ils feroient l'effet que doivent faire les hypoteses des racines.

Corroll. II. Il est encore évident que si toutes les hypoteses, excepté la premiere & la derniere, ne sont pas moyennes entre les racines, comme on vient de le dire, l'entresuite reguliere des signes sera rompuë.

Corroll. III. Il est clair aussi que les racines sont des nombres moyens entre les hypoteses, & par consequent les racines estant substituées dans l'égalité qui renferme les hypoteses, leur substitution doit donner des resultats alternativement positifs & negatifs, ou negatifs & positifs. En voicy un exemple.

y — 6. *y* — 21. *y* — 30. Rac de l'ég.
y — 0. *y* — 12. *y* — 26. Rac. de la Cascade.

Où l'on peut voir que 6 estant substitué dans les racines de la Cascade, donnera suivant les Arti. 3. & 4. des resultats dont le produit est positif. Que 21 donnera des resultats dont le produit est negatif, & que 30 donnera des resultats dont le produit est positif; & par consequent ces racines 6. 21. 30. estant substituées chacune separément dans la Cascade, elles doivent donner alternativement + & — selon l'Article 2. Ainsi les racines sont hypoteses des hypoteses mêmes.

Corroll. IV. C'est pourquoy on pourra conclure que la Cascade immediate renferme les hypoteses des racines de l'égalité dont elle est Cascade; pourveu que l'on ait prouvé auparavant que ces racines étant substituées dans cette Cascade, donnent des resultats alternativement positifs & negatifs, ou negatifs & positifs.

Corroll. V. Entre deux racines differentes qui se suivent immediatement, on peut prendre differens nombres; mais il est évident que chacun de ces nombres estant substitué, donnera toûjours le même signe, & que l'entresuite de tous les signes n'est pas changée, par cette diversité: En sorte que l'hypotese moyenne considerée en general, n'est autre chose qu'un nombre moyen entre deux racines qui se suivent immediatement; & comme il peut y avoir une infinité de nombres moyens entre deux racines differentes, il pourroit aussi y avoir une infinité d'hypoteses qui donneroient l'entresuite reguliere des signes, lors que cette regularité est possible; Mais comme elle n'est pas toûjours possible, il faut que les hypoteses que donne la Methode, ayent encore une détermination par laquelle on puisse conclure les impossibilitez.

Corroll. VI. Si l'on prouve que la Methode donne necessairement les hypoteses de toutes les racines; il s'ensuit qu'il y a des racines defaillantes, lors qu'elle ne donne point ces hypoteses. Mais pour établir ces veritez, il faut encore d'autres Principes.

ARTICLE VII. Si l'on prend chacune de ces lettres *y* & *v* pour l'expression d'un nombre quelconque; toutes les progressions Aritmetiques qui n'ont que trois termes, seront comprises dans celle-cy, $y. y + v. y + 2v$. Cela est constant.

Si l'on a une progression Aritmetique quelconque, & si l'on prend dans cette progression plusieurs termes de suite, il est évident que ces termes seront en progression Aritmetique. Par exemple, si l'on a cette progression θ. 1. 2. 3. 4. 5. &c. & si l'on y prend θ. 1. 2. ou bien 1. 2. 3. ou encore 2. 3. 4. &c. Il est clair que les termes de chaque prise sont en progression Aritmetique.

Si je dis qu'une égalité est multipliée par une progression, il faut entendre que le premier terme de l'égalité est multiplié par le premier terme de la progression; Que le second terme de l'égalité est multiplié par le second terme de la progression, & ainsi de suite. Et la somme de ces produits estant supposée égale à 0, on dira que cette égalité est produite par une progression.

Article VIII. Le produit de ces deux quantitez $z - a$, $z - b$, étant multiplié par la progression Aritmetique $y + 2v$, $y + v$, y: Et ayant substitué b au lieu de l'origine dans le produit de la progression, le resultat de la substitution sera mesuré par $b - a$. En voicy la preuve.

$$\left.\begin{array}{l} ab - az + zz \\ \quad - bz \end{array}\right\} \text{Produit de } z - a. \text{ par } z - b.$$

$y.\ y + v.\ y + 2v.$ Progression multiplante.

$$\left.\begin{array}{l} aby - ayz + yzz \\ \quad - byz + 2vzz \\ \quad - avz \\ \quad - bvz \end{array}\right\} \text{Produit que donne la progression.}$$

Et substituant b au lieu de z dans ce

ce dernier produit, on trouve *bbv — abv* mesuré par *b — a*. Ce qu'il falloit prouver.

On peut observer en passant que la substitution de *b* au lieu de *z*, n'est autre chose que supposer *a* = *b*; & pour se regler sur cette supposition, il faudroit d'autres propositions parmi lesquelles il y en auroit une toute semblable à celle de ce huitiéme Article : mais l'origine de l'une ne seroit pas plus visible que celle de l'autre ; & ne pouvant faire voir l'une & l'autre dans sa source sans introduire des principes moins favorables aux préjugez, que ceux qu'on donne icy ; j'ay crû que ces principes seroient mieux placez dans l'Algebre speculative, où l'origine de cette proposition, & des suivantes, seront toutes tirées immediatement d'une même verité.

Corroll. Ayant comme dessus

la quantité $ab \begin{matrix} - az \\ - bz \end{matrix} + zz$: Si on la multiplie par z élevée à un degré arbitraire, & ſi le produit eſt multiplié par une progreſſion Aritmetique, il eſt clair qu'en ſubſtituant b au lieu de z dans le produit de la progreſſion, le reſultat ſera meſuré par $b - a$.

Cet Article, ſon Corrollaire, & l'Article ſuivant pourront ſe reduire à un ſeul Article, ſi l'on trouve que cette reduction ſoit bonne à quelque choſe.

Article IX. Ayant comme deſſus $ab \begin{matrix} - az \\ - bz \end{matrix} + zz$ pour quantité propoſée : Si on la multiplie par $f + gz + tzz + rz^3 + nz^4$ & ainſi de ſuite juſques à ce que l'inconnuë z ait acquis un degré donné ; Je dis que les produits partiaux peuvent toûjours être diſpoſez comme s'enſuit.

A... $abf - afz + fzz$
$\quad\quad - bfz$ } Premier produit.

B... . $+ gabz - agzz + gz^3$.
$\quad\quad - bgzz$ } Secōd produit.

C. . . . . $+ tabzz - taz^3 + tz^4$
$\quad\quad - tbz^3$ } Troisiéme produit

Prog. θ. 1. 2. 3. 4.&c.

Et ainsi de suite à l'infini. Où l'on voit que chacun des produits partiaux qui sont marquez par, A. B C. &c. sera toûjours mesurépar la quantité proposée; puisque cette quantité est un des produisans.

Corroll. I. Si la somme des produits partiaux est multipliée par la progression Aritmetique θ. 1. 2. 3. 4 &c. chacun des produits A. B. C. &c. sera aussi multiplié par une progression : Sçavoir, le produit A, par θ. 1. 2. le produit B, par 1. 2. 3. & ainsi de suite.

Obſervez pour l'intelligence de ce qui ſuit, que le produit A, eſtant changé par la progreſſion qui le multiplie, s'appellera D : Que le produit B ainſi changé, ſera nommé E : Que le produit C aprés un ſemblable changement, ſera marqué F. &c.

Corroll. II. De ce premier Corrollaire, & des Articles 7. & 8. on peut conclure qu'en ſubſtituant b au lieu de z dans chacun des produits, D. E. F. &c. il arrivera toûjours que chacun des reſultats ſera diviſible ſans reſte par $b - a$. Mais ſubſtituer b au lieu de z dans tous ces produits, c'eſt faire la ſubſtitution dans le produit total : D'où il eſt évident que cette ſubſtitution eſtant faite, le produit total ſera meſuré par $b - a$.

Corroll. III. Si au lieu de la quantité $f + gz + tzz + rz^3$ &c. on prend le produit de $z - c$, $z - d$, $z - e$, &c. on conclura tout ce que l'on vient de conclure ; C'est à dire, qu'aprés avoir substitué *b* au lieu de *z* dans le produit total que donne la progression, le resultat sera divisible sans reste par *b* — *a*. Cela est évident ; puisque *f*. *g*. *t*. *r*. &c. expriment des quantitez connuës telles qu'on voudra.

Corroll. IV. Il est encore clair par la formation du produit total, que chacune de ces lettres *a*, *b*, *c*, *d*, *e*, &c. y sont toutes en même situation, & que tout ce qu'on a conclu de *b* à l'égard de *a*, se peut conclure de chacune de ces lettres à l'égard de chacune des autres. D'où il suit qu'en substituant separément, dans le produit total de la progression, chacune de ces lettres *a*, *b*, *c*, *d*, *e*, &c. au lieu de l'inconnuë *z*, le resultat sera divisible par la lettre substituée moins une des autres, laquelle on voudra. En sorte que le resultat θ, que donne la ſubſtitution de *a*, ſera diviſible par $a-b$, par $a-c$, par $a-d$, &c. Pareillement la ſubſtitution de *c* au lieu de z, doit donner un reſultat diviſible ſans reſte par *c* moins chacune des autres racines priſe ſeparément. Et ainſi des autres..

Corroll. V. Si l'on ſuppoſe comme dans le 3. Corrollaire du cinquiéme Article, que la racine *a* eſt plus grande que la racine *b*, que *b* eſt plus grande que *c*, que *c* eſt plus grande que *d*, &c. Il s'enſuivra du cinquiéme Article, & du Corrollaire precedent, que les reſultats que donnent les racines dans la Caſcade immediate, ſeront alternativement poſitifs & negatifs, ou negatifs & poſitifs.

Corroll. VI. Si une égalité a pû eſtre formée comme il a eſté dit dans le premier Article, ſes racines ſont les hypoteſes des racines de ſa Caſcade immediate. Car cette Caſcade se forme en multipliant par la progression 0. 1. 2.. &c. comme dans ce neuviéme Article. De plus, ces racines ont les conditions marquées dans le cinquiéme Corrollaire precedent. Donc suivant le même Corrollaire, & suivant le Corrollaire troisiéme de l'Article 6. les racines seront hypoteses des racines de leur Cascade.

Corroll. VII Puisque les racines des égalitez ainsi formées, sont hypoteses des racines de leur Cascade, il suit de ce sixiéme Corrollaire, & du quatriéme Corrollaire de l'Article 6. Que les racines de la Cascade immediate, sont les hypoteses des racines de l'égalité, dont elle est Cascade.

La progression donnant une Cascade divisible par l'inconnuë, on voit de-là que 0 est une des racines; & il est clair d'ailleurs que 0 est la petite hypotese, selon nos suppositions.

Si l'on substituë les racines dans la Cascade avant que de la diviser par z, les resultats seront divisibles par la lettre substituée. Mais cette lettre n'exprimant qu'un nombre positif, suivant nos suppositions, elle n'apportera aucun changement à l'entresuite des signes, selon l'Article troisiéme.

Corroll. VIII. Si les racines sont irrationnelles, les hypoteses donneront l'entresuite reguliere des signes, supposant qu'elles ayent les conditions marquées par le premier Article; puisque ces racines sont exactes dans l'égalité qui les renferme, & que la Cascade immediate se forme sur cette égalité.

Corroll. IX. Les racines estant toutes positives & differentes, il y en a du moins autant qu'il y a de degrez dans l'égalité qui les renferme. Cela suit de la generation des égalitez selon le premier Article.

Et dans ce cas il eſt impoſſible que les hypoteſes ne donnent pas l'entreſuite des ſignes qui conviennent à chaque racine en particulier, ſelon ce qui a eſté conclu dans le ſeptiéme Corrollaire de ce neuviéme Article.

Corroll. X. Il eſt évident que dans chaque égalité, il y aura autant de racines effectives, qu'il y a de produiſans du premier degré : Et ſi l'on conſidere qu'une quantité produite par des quantitez primitives ne peut point ſe reſoudre en d'autres quantitez primitives, on verra clairement qu'il ne peut point y avoir plus de racines que de degrez ; mais on peut démontrer cette même verité par le moyen des Articles precedents en cette maniere.

La Caſcade du ſecond degré eſt une égalité du premier degré, & le premier degré ne renferme qu'une ſeule racine : cela eſt évident. De ce principe on conclura facilement que le ſecond degré ne peut avoir qu'une hypoteſe moyenne, & que par conſequent il ne ſçauroit avoir que deux racines effectives au plus. Par un ſemblable raiſonnement on prouvera que le troiſiéme degré ne peut avoir que deux hypoteſes moyennes ; d'où l'on conclura que le quatriéme degré ne ſçauroit en avoir que trois, & ainſi de ſuite. Cette gradation eſt ſenſible ; & on voit par là, & par le cinquiéme Corrollaire de l'Article 6, qu'il ne ſçauroit y avoir plus de racines que de degrez en chaque égalité.

Corrol. XI. Puiſque chaque racine doit avoir deux hypoteſes, & que chaque hypoteſe doit ſervir à deux racines, il eſt facile de ſçavoir combien il y a de racines defaillantes dans chaque égalité propoſée. Car l'entreſuite des ſignes que l'on attend des hypoteses, ne sçauroit estre rompuë, si les racines sont toutes effectives, & differentes ; & les hypoteses ne peuvent la rompre qu'en donnant 0, ou un signe contraire à celuy que l'on demanderoit pour la conserver. Il est encore évident que les racines defaillantes d'une Cascade, doivent servir à marquer les defaillantes de l'égalité: Mais comme ce Corrollaire est important, il est à propos d'en donner icy une explication plus abondante, aprés avoir dit ce qu'il reste à dire sur ce que vous demandez touchant l'entresuite des signes.

ARTICLE X. Lors que tous les signes d'une égalité sont alternatifs selon la quatriéme des preparations que nous donnons aux égalitez, il arrive toûjours que les racines effectives sont aussi des racines positives ; & on peut prouver cette verité comme vous allez voir icy.

Toutes les puissances d'une inconnuë, comme $-x$, estant formées de suite ; elles donnent alternativement $-$ & $+$: Sçavoir $-x$. $+xx$. $-x^3$. $+x^4$. &c. D'où il est clair que si l'on substituë une inconnuë negative dans une égalité dont tous les termes sont alternatifs, comme $+q-pz+nzz-pz^3$.&c. Il arrivera que les signes de l'égalité resultante seront tous positifs : Et si la proposée étoit $-q+pz-nzz+rz^3$ &c. la transposition aprés la substitution produiroit le même effet. Et reciproquement une égalité dont tous les signes sont positifs, sera changée en une autre dont tous les signes seront alternatifs, si l'on y substituë une inconnuë negative, au lieu de l'inconnuë de l'égalité. Cela est clair. Il est encore clair qu'une égalité dont tous les signes sont positifs, ne sçauroit avoir de racine positive : Car cette racine estant substituée dans l'égalité, la somme

somme des termes positifs devroit détruire celle des negatifs, lorsque tous ces termes sont dans un même membre selon nos suppositions. Ce qui est visiblement impossible.

Si on a $z = -x$ ou $x = -z$, & si au lieu d'une de ces inconnuës l'on y substituë un nombre negatif, l'autre inconnuë sera égale à un nombre positif; & reciproquement si l'on substituë un nombre positif au lieu d'une de ces inconnuës, l'autre sera égale à un nombre negatif.

De ces petits principes il s'ensuit que toutes les racines effectives d'une égalité sont positives lors que les signes sont alternatifs, comme dans $q - pz + nzz - rz^3$ &c. Car si l'on fait $z = -x$, & si l'on substituë $-x$ au lieu de z, les racines effectives de l'égalité resultante, qui sont les valeurs d'x, seront toutes negatives. Mais on peut voir qu'elles ne sçauroient être toutes negatives à moins que les valeurs affectives de ℞ ne soient toutes positives. Donc &c.

Article XI. Si les racines sont en partie effectives, & en partie defaillantes de la seconde espece ; ces defaillantes n'empêchent point les hypoteses de donner des signes convenables aux effectives. Car l'égalité proposée peut toûjours être conçûë comme si elle estoit formée par la multiplication de deux égalitez plus simples, l'une toute effective, & l'autre toute defaillante ; & par l'Article 9. la Cascade renfermera les hypoteses qui conviennent aux racines effectives. Et on peut voir comment les defaillantes ne troublent point l'entresuite qui convient aux effectives, pourveu qu'on fasse attention à la definition des defaillantes, & aux Articles 2. & 3.

Article XII. Il y aura pour le moins autant de racines defaillantes de la seconde espece dans chaque égalité, qu'il y en a dans sa Cascade immediate. Car si les racines de l'égalité qui répondent à ces defaillantes estoient effectives, il arriveroit qu'en les substituant dans leur Cascade, elles donneroient l'entresuite reguliere des signes selon le cinquiéme Corrollaire de l'article 9. & selon la definition des defaillantes, ces racines ainsi substituées donneront toûjours +−. Ce qui est contre la supposition.

Si l'on ne prend pas θ pour un des termes de la progression, & si ce θ n'est pas placé sous le dernier terme, ou sous le premier terme de l'égalité, la Cascade immediate seroit d'un degré aussi élevé que l'égalité même : ainsi la Methode supposeroit ce qui est en question. Mais prenant θ pour une des extrémes de la progression, & marquant d'ailleurs cette progression en termes generaux, la lettre qui sert à cette expression generale se trouve au premier degré seulement dans chaque terme de la Cascade, & aprés l'effacement ordinaire elle s'évanoüit. D'où il suit que cette progression ne fait point d'autre effet sur les hypoteses que celle-cy, 0. 1. 2. &c. Mais il faut aussi que le 0 soit placé sous le dernier terme, pour des raisons que vous verrez icy.

ARTICLE XIII. Le dernier terme de l'égalité ne se trouvant jamais dans les Cascades formées par la Methode, & l'inconnuë ne se trouvant jamais non plus dans le dernier terme, ni dans les resultats; il arrivera toûjours que ces resultats seront les plus grands, ou les plus petits qu'on puisse trouver dans chaque égalité, selon que l'entresuite reguliere des signes est rompuë ou conservée; & on peut en faire voir la démonstration par des égalitez fort simples. Si l'on prend pour premier exemple $zz - 6z + 17 = 0$, dont l'hypoteſe donne $+ 8$, & ſi l'on pretend qu'un autre nombre puiſſe donner un plus petit reſultat, comme le reſultat $+ 2$. Qu'on ôte du dernier terme un nombre tel qu'on voudra, pourveu qu'il ſoit moyen entre ces deux reſultats ; & il arrivera qu'en ſubſtituant l'hypoteſe veritable, & l'hypoteſe pretenduë dans l'égalité ainſi changée, l'une doit rompre l'entreſuite, & l'autre doit la rétablir : d'où il ſera aiſé de conclure une abſurdité, & faire voir que cette abſurdité n'a eſté concluë qu'en ſuppoſant qu'il pouvoit y avoir un reſultat moindre que $+ 8$. Et ſi l'on a $zz - 6z + 1 = 0$ dont l'hypoteſe donne le reſultat $- 8$, on prouvera qu'il eſt impoſſible de trouver dans cette égalité un plus grand reſultat negatif. Car s'il eſt poſſible d'en trouver un plus grand, comme $- 8 - q$; Qu'on retranche $- 8 - \frac{1}{2}q$ de l'égalité propoſée, & il arrivera que l'hypoteſe veritable, &

l'hypotese pretenduë donneront des signes differens : ainsi on pourra en conclure que — 8 est le plus grand resulat negatif qu'on puisse trouver dans l'égalité proposée. C'est ainsi qu'en opposant l'entresuite rompuë à l'entresuite rétablie, on pourra toûjours prouver que la Methode donne les déterminations extrêmes pour chaque endroit de l'entresuite, & pour chaque égalité.

Pour les racines défaillantes de la premiere espece, il est fort aisé de prouver directement & indirectement toutes les propositions qui les regardent ; & je ne vous en parleray pas à moins que vous ne le souhaitiez.

ARTICLE XIV. Lors que l'on ne peut pas trouver ce que l'on demande, il faut que la Methode, dont on se sert, emporte avec soy la preuve de l'impossibilité. Pour cela, il faut qu'elle conduise à un terme au delà duquel il soit inutile de poursuivre ; & il est necessaire que ce terme soit le plus simple qu'il est possible ; parce que s'il y en a un autre plus simple, l'imperfection est évidente. La progression 0. 1. 2. est la seule qui puisse produire immediatement cet effet, & l'arangement qu'on luy a donné est necessaire. Les hypoteses effectives qu'elle forme, sont pour l'ordinaire irrationnelles ; ainsi il est impossible de les tirer de leurs Cascades sans donner atteinte à leur exactitude. Cependant cette exactitude est necessaire à l'exactitude de la Methode ; car il peut arriver que la détermination des defaillantes soit marquée par une quantité indéfiniment petite, & irrationnelle.

Si l'on n'admet pas la quatriéme preparation, il en faut une autre ; ou bien augmenter le nombre des cas, & la multitude des regles.

On peut prouver la necessité de

la progression à laquelle on s'est fixé, la necessité de la disposer comme on l'a disposée, & l'utilité de la quatriéme preparation par le moyen des Articles precedens: mais on peut abreger cette recherche à la vûë des exemples suivans: Si l'on prend l'égalité preparée $zz - pz + 9 = 0$ & si on la multiplie par la progression 4. 1. — 2. en plaçant — 2 sous le dernier terme, la Cascade aura une hypotese negative, & de plus elle suppose ce qui est en question, sans donner les déterminations extrêmes. Si l'on a $zz \pm nz - 9 = 0$ & si l'on place 0 sous nz, & — 1 sous le dernier terme, sa Cascade sera $3zz + 9 = 0$. dont toutes les racines sont defaillantes de la seconde espece, quoy qu'il y ait plusieurs racines effectives dans la proposée; & il est évident que cela peut arriver en divers cas dans chaque égalité de degré pair. Qu'on prenne encore l'égalité preparée $zz - pz +$

$q = 0$ & la bonne progreſſion $0.\ 1.\ 2.$ Il arrivera que ſi on place 0 ſous le premier terme, l'hypoteſe ne donnera point le plus petit reſultat. Enfin ſi l'on prend l'égalité non preparée $zz - 8z - 1000 = 0$, les racines de ſa Caſcade donneront — ſans donner l'entreſuite, en ſorte qu'il faut chercher par ailleurs un nombre negatif pour la petite hypoteſe. Comme ces égalitez ſont ſimples, il n'eſt pas mal-aiſé de voir la cauſe de ces inconveniens, & les raiſons pour leſquelles on s'eſt refuſé quelques avantages dans la formation de la Methode, afin d'éviter ces écueils. Voila, Monſieur, tout ce que j'ay crû vous devoir dire preſentement ſur la certitude, & ſur le choix de la Methode; & ſi vous n'eſtes pas content, j'eſpere de pouvoir vous ſatisfaire dans une ſeconde lettre.

Article XV. Au lieu de la Methode que j'ay donnée pour les ſubſtitutions, on peut en faire une autre à l'imitation de l'extraction ordinaire. Car aprés qu'on aura reglé combien chaque racine doit avoir de chiffres au plus, & qu'on aura trouvé le premier chiffre de chacune, vous pourrez former le diviſeur comme vous allez voir. Placez, ou ſuppoſez aprés le premier caractere autant de zeros que vous cherchez de caracteres. Prenez b pour l'expreſſion de ce caractere, & de ces zeros, prenez a pour l'expreſſion du caractere que vous cherchez ſuivi d'autant de zeros moins un que vous en avez mis aprés b; ou bien a ſera pris ſi vous voulez pour la valeur de tous les caracteres que l'on cherche. Cela poſé, ſi l'on ſubſtituë b & $b+a$ chacun ſeparément dans l'égalité propoſée; & ſi l'on prend la difference des reſultats, on trouvera que cette difference eſt toûjours meſurée par a; c'eſt pourquoy on pourra toujours effacer une fois la lettre a

dans chaque partie de cette difference ; & ce qui demeure net est le Diviseur dont il faut se servir, afin de continuer la recherche d'une maniere qui soit conforme à l'extraction ordinaire. On verra naître dans la formation de ce Diviseur, le triangle Aritmetique dont on se sert ordinairement, en sorte qu'on pourra tirer un canon pour trouver ce Diviseur par l'Aritmetique commune ; & ce Diviseur estant formé il est facile de poursuivre. Observez en passant qu'on peut tirer de ces suppositions les preuves de toutes les propositions des Articles precedens, & même cette voye seroit plus courte que celle où je suis entré ; mais elle seroit moins favorable aux préjugez des Algebristes dont vous me parlez. En quelque maniere que l'on forme le Diviseur, il sera toûjours indefiny si l'on ne détermine point *a* ; & cette détermination de *a* ne sera jamais exempte de tâtonnement. Si la racine que l'on poursuit est irrationnelle, on cherchera le nombre entier qui en approche le plus, & pour avoir le denominateur de la fraction, on prendra le Diviseur formé comme dessus, en y substituant au lieu de *b* le nombre entier qu'on a trouvé, & au lieu de *a*, un nombre plus petit que l'unité.

Toutes les autres voyes desquelles on s'est servi jusques icy pour la substitution, peuvent convenir à la Methode des Cascades. On peut substituer par le moyen de la Division comme Mr. Viéte, ou comme Mr. Descartes, & par plusieurs autres manieres qui peuvent estre fort commodes en plusieurs cas particuliers: mais l'application en sera tastonneuse.

Pour la substitution dont je vous parlay autrefois, je n'ay pas pû travailler à la perfectionner; mais pour son principe, il est facile de le concevoir dans ce seul exemple.

$$z^3 - azz + bz = bc. \quad \text{Egalité proposée.}$$
$$- czz + caz$$

$$z = c \quad \text{Racine supposée.}$$

En divisant $zz - az + b = b.$
$$- cz + ca$$

En transposant $zz - az = - ca$
$$- cz$$

$$z = c. \quad \text{Racine supposée.}$$

En divisant $z - a = - a.$
$$- c$$

En transposant $z = c$ Racine trouvée.

Où l'on peut voir que tous les termes concourent à l'exclusion, & que si une seule division ne se fait point exactement ; ou bien si la racine supposée n'est pas égale à la racine trouvée, elle doit estre excluë. On peut encore se servir de ce principe pour l'usage des hypoteses dans la recherche des racines irrationnelles, & en tirer un canon pour les égalitez de chaque degré.

Voicy maintenant un extrait de la Methode dont je me sers pour resoudre par la Geometrie les Egalitez dont il s'agit.

METHODE POUR RESOUDRE LES EGALITEZ PAR LA GEOMETRIE.

1° SI l'on a un rectangle comme *ab*, on peut toûjours en trouver un autre qui luy soit égal, & qui ait un côté donné que j'appelle *c*. Car si l'on fait *c*. *a* : : *b*. *n*. le rectangle *ab* sera égal au rectangle *cn*; & il est évident que ce changement seroit encore aisé à faire si $a = b$.

Lors qu'on a l'assemblage de plusieurs lignes, comme $a - b + c - d$: il est encore aisé de les réünir à une ſeule, & d'exprimer cet aſſemblage par une ſeule lettre.

Ainſi il ſera toûjours facile d'introduire un commun diviſeur litteral dans chaque terme d'une quantité, & de luy donner une forme auſſi ſimple qu'il eſt poſſible. Par exemple, ſi l'on avoit $ab + cc - pd$, où je ſuppoſe que tout eſt connu ; on peut changer ab en de, & cc en df, en ſorte que la quantité propoſée ſera changée en celle-cy $de + df - pd$ diviſible par d dont le quotient eſt $e + f - p$, au lieu duquel on peut prendre g, & par ce moyen la quantité litterale propoſée ſera exprimée par dg, qui peut encore eſtre reduite à n ſi l'on fait $1 . d :: g . n$.

Si l'on a des quantitez, comme aab^3cd, on peut faire $aa = nb$, & on aura nb^4cd. On peut encore faire $nc = br$, & ſubſtituer br au lieu de cn dans nb^4cd pour avoir b^5rd. Cette derniere expreſſion ſera changée en $b' p$, si l'on fait $rd = bp$, & si l'on a encore $b = 1$ on aura seulemẽt p pour l'expression de la quantité proposée. D'où l'on peut tirer diverses manieres pour exprimer par une seule lettre toute quantité litterale aussi composée qu'on voudra, pourveu que cette quantité ne renferme aucune inconnuë.

Pour resoudre, par la Geometrie, les égalitez qui passent le second degré, & pour les resoudre sur un plan selon l'idée des plus sçavans Geometres; il faut y employer des lignes courbes; & il faut que ces courbes soient exprimables par des égalitez qu'on appelle *lieux Geometriques*, dont l'explication suppose l'intelligence des termes que voici.

1°. Si deux lignes droites se coupent à angles droits, comme AC, BD au point O: L'angle COD s'appellera *le premier angle*, COB, *le second angle*; BOA *le troisiéme angle*, & OAD *le quatriéme angle*.

Voyez la premiere figure.

La ligne AC sera nommée *Axe*, & le point O s'appellera *Centre*.

Les lignes qui sont paralelles à BD, comme HK, HI, EG, EF, s'appelleront *Ordonnées*.

L'intervale du centre à une ordonnée, sera la distance de cette ordonnée, en sorte que OH est la distance de HI.

On nommera *Parametres*, toutes les quantitez connuës, qui serviront à exprimer le rapport de chaque ordonnée à sa distance; & on nommera *ligne courbe* celle qui passe par les extremitez de toutes les ordonnées d'un même ordre, comme on le dira cy-aprés.

Chaque distance sera marquée par *x*, & chacune de ses ordonnées sera marquée par *z*. Ou bien chaque distance sera marquée par *v*, & chacune de ses ordonnées par *y*.

Pour resoudre chaque égalité, on se servira de deux Lieux Geometriques; & il faut que ces lieux ayent plusieurs conditions. Il faut que dans chacun il y ait deux inconnuës, & qu'en cherchant leur commun diviseur, selon une de ces inconnuës, l'égalité à laquelle se reduit cette recherche, soit la même que l'égalité proposée. Il faut aussi que dans chacun de ces lieux une des inconnuës exprime les ordonnées des courbes qu'il renferme, & que l'autre inconnuë exprime les distances des mêmes ordonnées. Il faut enfin que ces lieux expriment les conditions que doivent avoir les courbes pour se joindre, en sorte qu'on puisse en tirer, immediatement, une expression des racines de l'égalité proposée.

La voye dont je me servitay icy pour former les courbes, n'est pas la plus expeditive quoyqu'elle soit reçûë des plus sçavans Geometres: Mais elle m'a paru la meilleure pour expliquer la Methode, & pour faire voir comment il faudroit reparer les fautes où je puis tomber involontairement.

3°. Pour expliquer, par un exemple, la generation des courbes, je supposeray que l'égalité suivante est un Lieu Geometrique.

$$\begin{aligned} zz - 4xz &+ 3xx = 0. \\ -6z &+ 27x \\ &- 30 \end{aligned}$$

Voyez la deuxiéme figure. Si l'on prend $x = 0$, les deux ordonnées seront $z = 3 \pm R\,39$. L'ordonnée positive sera placée en O $9\frac{1}{3}$, & la negative sera de l'autre costé en O 3.

Si $x = 1$. alors $z = 0$ & $z = 10$. Ainsi il n'y aura qu'à tracer l'ordonnée effective en A10, car l'autre est A0.

Si $x = 2$. on aura $z = 7 \pm R\,13$, & comme ces deux ordonnées sont positives, elles seront l'une & l'autre sous le premier angle en A4, & A11.

On peut voir par là qu'une même courbe doit passer par 3., par 0A, & par A4. à cause que ces trois points ont esté trouvez par les petites valeurs de z. Cela sera mieux expliqué icy-aprés.

Si $x = 3$. on aura encore deux ordonnées positives : Mais si l'on prend $x = 4$, on ne trouvera que des racines défaillantes de la seconde espece pour la valeur de z. C'est pourquoy il faudroit prendre la valeur d'x entre 3 & 4 pour continuer la courbe jusques au point où elle commencera à manquer ; & l'on s'apperceura aussi qu'x ne peut pas être pris pour une ligne moyenne entre la moitié de 15—R69, & la moitié de 15 + R69. Ainsi il y aura une partie de l'axe qui demeurera nuë, dont la longueur est de R69.

Si l'on prend $x = \frac{15 - R69}{2}$, la distance z aura une défaillante de la premiere espece, & par consequent il n'y aura qu'une seule ordonnée figurée par A9. D'où il ſuit que les deux courbes doivent ſe rencontrer au point 9. Et ſi l'on prend $x = \frac{15 + R69}{2}$ on n'aura auſſi qu'une ſeule ordonnée marquée A26 ; Ce qui prouve que l'une & l'autre courbe commence à renaître au point 26, & on voit d'ailleurs qu'elles peuvent eſtre continuées à l'infini ſous le premier angle.

Mais ſi l'on ſuppoſe $x = -1$, il faudra prendre cette diſtance negative de l'autre coſté du point O, & placer ſon ordonnée poſitive comme on la voit en A8, & la negative en A6.

Si l'on continuë juſques à $x = -10$, l'on trouvera $z = -34$, & $z = 0$. Ainſi la courbe qui paſſe par le point 8 traverſera l'axe en B, & paſſera en C. Ce qui peut ſe verifier en ſuppoſant $x = -11$; & l'on voit auſſi que les deux courbes peuvent ſe continuer dans le troiſiéme angle auſſi avant que l'on voudra.

Ce ſeul exemple me paroiſt ſuffiſant pour faire voir comment il faut diſpoſer les ordonnées ſous les angles de l'axe.

Nous dirons deſormais que les premieres racines de chaque lieu Geometrique forment une courbe ; que ſes ſecondes racines forment une autre courbe ; que ſes troiſiémes racines en forment encore une autre, & ainſi de ſuite. Où l'on obſervera que cette diſtinction de racines a eſté déja faite pour la Methode des Caſcades Algebriques, & que je prends $-2a$ pour une quantité plus grande que $-5a$, &c.

Mais on peut ſuppoſer que les ordonnées ne forment aucune courbe, pourveu qu'on ſuppoſe que tous les points qui les terminent ont eſté placez autour du centre O en la maniere qu'on vient de le dire.

Il y a des courbes qui touchent l'axe ; il y en a d'autres qui approchent de plus en plus ſans jamais y atteindre. Ainsi l'axe, dans le sens que nous l'avons pris, est tantost une Tangente, & tantost un Assymptote, &c.

Il y a des lieux Geometriques dont les courbes ne vont point dans chacun des quatre angles de l'axe; d'autres dont les courbes ne peuvent pas estre continuées à l'infini; & d'autres qui ont ces deux restrictions ensemble.

Il y a des lieux dont les courbes ne peuvent pas se rencontrer; & nous en avons des exemples dans la Geometrie de Monsieur Descartes. Mais si l'on regarde comme une seule courbe toutes les courbes differentes d'un même lieu, il ne faut pas croire que ses differentes racines ne marquent autre chose que les sinuositez de cette seule courbe.

On vient de voir aussi que les courbes, dans le sens que je les ay prises icy, souffrent des interruptions; & le lieu à l'hyperbole ordinaire

dinaire en fournit encore un exemple.

Il y a des lieux differemment exprimez qui ne donnent que les mêmes courbes ou des courbes de même espece ; & cela peut varier en autant de manieres que ces lieux peuvent recevoir de formes differentes.

Les racines défaillantes de la premiere espece marquent les points où les courbes se rencontrent, & les défaillantes de la seconde espece servent à marquer les points où les courbes s'arrestent.

On fera naturellement toutes ces remarques, & beaucoup d'autres, si l'on forme effectivement ces courbes. Ainsi je ne vous en parleray pas davantage icy.

40. Pour former les lieux Geometriques d'une maniere qui convienne à notre dessein, on peut observer la regle suivante.

On prendra toutes les puissances

de l'ordonnée z, on prendra aussi toutes les puissances de la distance x jusques à un degré qui soit égal au nombre des dimensions que doit avoir le lieu qu'on demande, & on multipliera toutes ces puissances entr'elles en autant de manieres qu'il sera possible, pourveu que les produits les plus composez n'ayent pas plus de dimensions que le lieu requis. Ainsi pour faire un lieu de trois dimensions, on aura premierement les puissances, & les produits que voici.

$$z, zz, z^3. \quad x, xx, x^3,$$
$$xz, xzz, zxx.$$

En suite, on multipliera ces puissances & ces produits par des paramétres indéterminez, & on en ajoûtera encore un autre à tous ces derniers produits pris ensemble. La somme de cette addition sera supposée égale à 0, & cette égalité sera un lieu le plus indéterminé qu'on doive desirer pour le degré qu'on en a veuë. Ainsi tous les lieux Geometriques de trois dimensions seront renfermez dans celuy-cy.

$$
\begin{array}{l}
az^3 + bxzz + dxz + gx^3 + m = 0. \\
\quad + czz + exxz + hxx \\
\qquad\quad + fz + lx
\end{array}
$$

On pourroit suppléer ou retrancher les dimensions qui semblẽt violer la loy des homogenes, sans rien ôter de l'indétermination des parametres : Mais il n'est pas necessaire de s'en occuper non plus que des signes, parce que la Methode doit obliger ces lettres, & ces signes de prendre la forme qui leur est convenable.

50. Pour élever une égalité proposée à un degré donné, on prendra la difference du degré donné à celuy de la proposée, & on supposera une égalité toute indéterminée, dont l'inconnuë ait autant de dimensions que cette difference

contient d'unitez. On multipliera l'égalité proposée par l'égalité supposée, & l'égalité produite sera celle qu'on demande. Ainsi pour élever au neuviéme degré une égalité du septiéme dont l'inconnuë est z, il faudroit la multiplier par $zz + az + c = 0$. Où l'on observera que a & c peuvent être prises pour des quantitez indéterminées, & que les deux racines de cette égalité doivent être excluës aprés la resolution de l'égalité produite.

Autrement. On prendra une égalité toute indéterminée du degré de celle où l'on veut élever la porposée, & qui ait la même inconnuë. Ensuite on cherchera un Diviseur commun à la proposée, & à la supposée; & on aura une reduite du degré qu'on desire, sur laquelle on pourra appliquer la Methode. Cette derniere voye seroit avantageuse lors que les lieux sont donnez, à cause qu'elle donne beaucoup d'indéterminées en bonne ſituation ; mais la premiere maniere avec les regles que nous donnerons icy , ſera toûjours ſuffiſante.

6°. Lors qu'il s'agit de trouver combien de dimenſions doivent avoir les lieux de chaque égalité, en ſorte que le plus composé des deux en ait le moins qu'il eſt poſſible ; ou que s'ils en ont également, on ne puiſſe pas en trouver d'autres qui ſoient plus ſimples. Je dis que la regle ſuivante produira cet effet.

Prenez le nombre qui exprime la multitude des dimenſions de l'égalité propoſée, & tirez-en la racine quarrée. Si cette racine eſt exacte, chacun des deux lieux doit avoir autant de degrez que cette racine contient d'unitez. Ainſi les lieux doivent avoir chacun 4. dimenſions ſi l'égalité en a 16.

Si le reſte de l'extraction eſt égal au nombre entier de la racine , ou moindre que ce nombre entier, alors le degré d'un des lieux sera égal au même nombre entier, & l'autre lieu aura une dimension de plus. Par exemple, si l'inconnuë de l'égalité avoit 17, ou 18, ou 19, ou 20 dimensions, un des lieux en auroit 4, & l'autre en auroit 5.

Si le reste de l'extraction surpasse le nombre entier de la racine, chacun des lieux doit avoir autant de dimensions que ce nombre entier contient d'unitez & une davantage. En sorte que si l'inconnue avoit 21, ou 22, ou 23, ou 24 dimensions, chacun des lieux en auroit 5.

Selon cette regle, les deux lieux seront du même degré, ou bien le degré de l'une surpassera le degré de l'autre de l'unité seulement; & par consequent le degré de leur reduite peut s'exprimer par nn, ou par $nn + n$; & si l'on ne vouloit introduire dans les deux lieux qu'autant d'indéterminées qu'il y a d'unitez dans le degré de leur reduite, l'Article 4. en donneroit $3n + 2$ plus qu'il ne faut pour le premier cas, & $4n + 4$ pour le second. Ce n'est là qu'une remarque faite en passant; & il seroit assez inutile de s'en occuper, à cause qu'on découvre aisément ces sortes de superfluitez dans chaque occasion.

Voici des observations sur ce sujet qui me paroissent utiles lors qu'on n'affecte point de donner aux lieux Geometriques les conditions prescriptes par la regle precedente.

Si le degré de la proposée n'est pas un nombre premier, il n'y a qu'à prendre deux de ses diviseurs reciproques, & chaque prise marquera combien de dimensions peuvent avoir chacun des lieux requis, en sorte qu'on aura autant de couples de lieux qu'il se trouvera de diviseurs reciproques. Par exemple, si l'égalité est du vingt-quatriéme degré, on peut prendre les diviseurs reciproques 4 & 6, par lesquels il paroiſt que ſi l'on donne 4 dimenſions à l'un des deux lieux, l'autre doit en avoir 6. Les autres diviſeurs du même degré ſont 2 & 12, 3 & 8, qui fourniſſent encore deux couples de lieux geometriques.

Si le degré de la propoſée eſt exprimé par un nombre premier, on peut y ajoûter 1, ou 2, ou 3, &c. & trouver promptement une ſomme qui aura pluſieurs parties aliquotes. C'eſt ainſi qu'en ajoûtant 1 au ſeptiéme degré, on fait le huitiéme, dont les diviſeurs reciproques ſont 2 & 4 : Et ſi à 7 on ajoûte 2, on aura le neuviéme degré, dont les produiſans ou diviſeurs reciproques ſont 3 & 3.

Mais lors qu'un des lieux eſt donné, il faut ſe ſervir de la régle ſuivante. On prendra le nombre qui exprime la multitude des dimenſions inconnuës du lieu donné, en ſorte qu'il faudroit prendre 7 s'il y avoit $x^1 z^4$ pour les dimenſions inconnuës les plus élevées ; & ce nombre ſera le diviſeur du degré de la propoſée. Si ce diviſeur donne un quotient exact, le lieu qu'on demande doit avoir autant de dimenſions que ce quotient d'unitez. Mais s'il reſte quelque choſe, on luy donnera une dimenſion de plus. Par exemple, ſi la propoſée eſt du vingt-huitiéme degré, & que le lieu donné ſoit du ſeptiéme, l'autre lieu doit eſtre du quatriéme. Mais ſi la propoſée eſtoit du 29, du 30, du 31, du 32, du 33 ou du trente-quatriéme degré, & ſi le lieu donné étoit du ſeptiéme, la regle donneroit 5 dimenſions à celuy que l'on cherche.

7° Lors qu'on demande la reſolution d'une égalité, on peut demander en même temps que les courbes qui doivent ſervir à cette reſolution, ayent des conditions données ; & il eſt à ſouhaiter que la Methode ait aſſez d'étenduë pour ſatisfaire à ces conditions autant qu'il eſt poſſible. Parmi les égalitez que les Geometres ont reſoluës ſelon cette idée, une des plus ordinaires & des plus remarquables eſt celle que vous m'avez envoyée, je veux dire l'égalité $z^3 - pz - q = 0$. Pour la reſoudre, ils l'ont élevée au quatriéme degré en la multipliant par z; & pour la conſtruire, ils ſe ſervent ordinairement de ces lieux $cx = zz$. $yy + vv = dd$, dont le premier renferme la parabole commune, & l'autre le cercle commun. Ils determinent les paramétres c & d d'une maniere convenable aux exemples qu'ils apportent; & ils pretendent que l'on peut fort aiſément faire la même choſe pour les autres degrez, en ſorte qu'ils font conſiſter la ſeule difficulté à trouver deux égalitez dont la reduite ſoit la même que l'égalité propoſée. Si la difficulté ne conſiſtoit qu'en cela, il ne s'agiroit que d'une queſtion d'Algebre, dont la resolution depend d'une regle specifique, & ainsi il n'y auroit plus rien à desirer sur cette matiere. Mais si l'on se donne la peine de former une régle pour resoudre toutes les égalitez du septiéme degré seulement, & si l'on compare cette regle aux reflexions de ces Auteurs, on verra combien ces reflexions sont insuffisantes, & quel jugement on doit faire de leurs promesses. Pour les suivre, autant qu'il est possible, dans leur dessein, on a reduit à l'Algebre la resolution des difficultez que l'on y peut rencontrer; & comme vous ne bornez point vos speculations à des sujets particuliers, j'ay lieu de croire que vous en serez content.

8°. Pour donner aux Lieux Geometriques les autres conditions qu'ils doivent avoir, & pour faire voir aussi comment il faut en faire l'application, nous supposerons deux axes qui se coupent à angles droits au point C, & que leurs centres A & B sont placez comme on les voit dans troisiéme figure.

Nous supposerons aussi qu'une des courbes du premier axe rencontre une des courbes du second axe au point E; & ayant encore supposé que DE est une ordonnée positive de l'axe positive AC, comme EF est une ordonnée positive de l'axe positive BC, on aura le rectangle DEFC.

Cela posé, on suposera AC $= a$. CB $= b$. AD $= x$. DE $= z$. BF $= v$. EF $= y$. Suivant ces suppositions on aura toûjours,

$$x + y = a. \qquad z + v = b.$$

Ces deux égalitez seront nommées *égalitez primitives*; & il n'arrivera jamais qu'elles ayent plus d'une dimension. Ensuite, on prendra les Lieux Geometriques avec ces deux égalitez primitives; Ce qui fera en tout 4 égalitez pour les 4 inconnuës x. z. y. v.

On

On cherchera une des reduites de ces quatre égalitez ; ou bien on cherchera toutes ces reduites, soit pour diversifier, ou pour prendre la plus commode, & on égalera les termes de celle qu'on aura prise aux termes de la proposée chacun à son semblable, d'où il naîtra plusieurs égalitez que nous nommerons *Egalitez auxiliaires.*

Les indeterminées *a* & *b* avec celles des Lieux Geometriques seront prises pour les inconnuës de ces égalitez auxiliaires, hormis celles qui seront marquées comme des quantitez données dans l'énoncé de la question.

On resoudra le Probléme qui est exprimé par les égalitez auxiliaires, & on prendra une de ses resolutions. Ou bien on les prendra toutes, soit pour diversifier, ou pour en choisir une ; & on aura les valeurs de chaque indeterminée.

On substituera ces valeurs dans

chacun des lieux où ces indetermi-nées ſe trouvent, & la ſubſtitution eſtant faite, ils auront toutes les conditions convenables pour la formation, & pour la jonction des courbes qu'ils expriment.

On formera les courbes ſur les Axes AC, BC, ſans changer les centres, ni les premiers angles, ni aucune des choſes qui ont eſté ſuppoſées dans la conſtruction, pourveu qu'*a* & *b* demeurent poſitifs.

On obſervera les points où les courbes d'un axe rencontrent les courbes de l'autre axe, & on menera des perpendiculaires de chaque point de rencontre ſur l'axe AC, au cas que la reduite des Lieux ait *x* ou *z* pour inconnuë: mais il faudroit mener ces perpendiculaires ſur l'axe BC, lors que la reduite a pour inconnnë *y*, ou *v*.

Si la reduite avoit *x* pour inconnuë, toutes les diſtances marquées par la chute des perpendiculaires ſur AC, ſeront les racines de la propoſée ; les diſtances poſitives marqueront les racines poſitives, & les diſtances negatives marqueront les racines negatives.

Si la reduite avoit *z*, chaque perpendiculaire qui tombe ſur l'axe AC doit eſtre priſe pour une des racines de l'égalité ; en obſervant que les perpendiculaires qui ſont ſous le premier & le quatriéme angle ſoient priſes pour les racines poſitives, & que celles des autres angles ſoient priſes pour negatives.

Il faudroit faire de ſemblables jugemens ſur l'axe BC, ſi la reduite des Lieux Geometriques avoit *v* ou *y*, & ſe ſouvenir des ſuppoſitions qui ont eſté faites pour fixer le premier angle.

Lors que les courbes d'un des deux axes ne peuvent point atteindre les courbes de l'autre axe, toutes les racines ſont defaillantes de la ſeconde eſpece.

On peut former differens canons pour resoudre chaque égalité par le moyen de cette Methode, & trouver aussi l'origine de ceux que l'on a formez jusques icy sur ce sujet. On peut aussi par le moyen de cette Methode, rendre specifiques toutes les Methodes vagues qu'on a données sur le même sujet; & ne voyant aucune difficulté en cela pourveu qu'on suppose l'Algebre, je n'en donneray point d'autre exemple que celle dont vous me parlez.

Il s'agit de resoudre $z^4 - pzz - qz = 0$, par le moyen de la Parabole, & du cercle dont les lieux sont tels que je les ay marquez dans l'Article precedent, & par consequent on aura ces quatre égalitez: $x + y = a$. $z + v = b$. $cx = zz$. $yy + vv = dd$. desquelles ayant chassé toutes les inconnuës excepté z, on trouvera cette reduite.

$$\begin{array}{llll} z^4 - 2aczz & - 2bccz & + bbcc & = 0. \\ \quad + cczz & & + aacc & \\ & & - ddcc & \end{array}$$

Si l'on compare cette reduite à l'égalité proposée, on aura ces trois égalitez auxiliaires $2ac - cc = p$. $2bcc = q$. $bb + aa - dd = 0$, dont les inconnuës sont a, b, c, d, & par consequent il y en aura du moins une qui demeurera arbitraire. Si l'on veut que ce soit c, la reduction donnera $a = \frac{cc + p}{20}$ $b = \frac{q}{2cc}$ & $dd = \frac{c^6 + 2pc^4 + ppcc + qq}{4c^4}$; mais il n'y a que c & d qui appartiennent aux Lieux Geometriques dont on s'est servi; & en y substituant la valeur de d, ils seront tels qu'on les voit icy.

$cx = zz$. où c est arbitraire.

$$vv + yy = \frac{c^6 + 2pc^4 + ppcc + qq}{4c^4}$$

Comme ces lieux ont reçû toutes

les conditions qu'ils doivent avoir, on formera les courbes qu'ils renferment ; & comme on connoît *a* & *b*, on voit tout ce qu'il faut voir pour former un canon, & pour le diversifier en une infinité de mamanieres.

La seule inspection du Lieu $cx = zz$ fait voir qu'il n'aura point d'axe negative, & que par consequent il n'aura ni troisiéme, ni quatriéme angle : on voit aussi que les ordonnées positives sont égales aux negatives chacune à la sienne, & que les deux courbes se joignent au centre.

Les courbes formées par $vv + yy = dd$, se répandent également dans chacun des 4 angles de son axe, & forment un cercle dont le centre est ce qu'on appelle le foyer des courbes.

Une des racines de la proposée étant 0, on aura un point au lieu d'une perpendiculaire ; & pour cela il faut que l'axe sur laquelle tombent les perpendiculaires, soit coupée au centre. Ce qui se verifie encore par l'égalité auxiliaire $aa + bb = dd$, dans laquelle on voit que d est l'hypotenuse du triangle rectangle ACB; & on a vû par la generation que d est le rayon du cercle. D'où il est clair que le cercle passera au point A &c. J'ay donné dans le quatriéme livre de mon traité d'Algebre, differens moyens pour reduire les égalitez du troisiéme & du quatriéme degré aux égalitez de cette forme $z^3 - pz - q = 0$, & par consequent le canon qu'on formera pour votre exemple, servira aussi pour toutes les égalitez du troisiéme & du quatriéme degré. Mais si l'on veut éviter ces reductions lors que le dernier terme des égalitez du quatriéme degré est un terme réel comme r, il n'y a qu'à substituer r au lieu de 0 dans l'égalité auxiliaire $aa + bb - dd = 0$. Et si le second terme est réel, on peut le faire évanoüir par les regles ordinaires.

Au lieu de multiplier l'égalité premierement proposée par z seulement pour l'élever à un plus haut degré, on auroit pû la multiplier par $z + e$ selon le cinquiéme Article, & égaler à 0 le terme de l'égalité produite qu'on doit faire évanoüir. Cette voye est beaucoup plus simple que la voye ordinaire, & il y a des cas où elle est comme necessaire.

Les Lieux Geometriques m'auroient donné des reduites fort differentes, si au lieu de prendre z pour l'inconnuë j'avois pris x ou v, & même y; & par consequent les canons qui en resulteroient seroient tres-differens. Celle d'x serviroit immediatement pour resoudre les égalitez de cette forme $x^4 - nx^3 + pxx - qx + r = 0$; & cela se voit sans aucun calcul, puisque x ne doit pas estre negatif dans le lieu $cx = zz$.

Si l'on connoist l'affirmation ou la negation de chaque racine des reduites, on pourra abreger considerablement la recherche des angles dans lesquels se doivent faire les rencontres des courbes des deux axes, par le moyen des Tables suïvantes.

	Premiere Table.	*Seconde Table.*
L'axe *x* étant prise pour l'inconnuë, ses racines effectives peuvent estre.	A. positives.	AD. 1. angle.
	B. negatives.	AE. 2.
		AF. 1. 2.
	C. mixtes	BD. 4.
L'ordõnée *z* estant prise pour l'inconnuë, ses racines effectives peuvent être.		BE. 3.
	D. positives.	BF. 3. 4.
	E. negatives.	CD. 1. 4.
		CE. 2. 3.
	F. mixtes.	CF. 1. 2. 3. 4.

C'est à dire que si les valeurs d'*x* sont mixtes, & celles de *z* toutes positives, on prendra C & D dans la premiere Table ; & prenant aussi ces deux lettres ensemble dans la seconde Table, on trouvera vis-à-vis les deux nombres 1. 4. qui marquent que les rencôtres des courbes se doivent faire sous le premier & le quatriéme angle, & ainsi des autres. Mais cela suppose que les perpendiculaires tombent sur l'axe où est *x*; & si les perpendiculaires tombent sur l'axe où est *v*, on peut dire d'*v* & d'*y* ce qu'on vient de dire sur *x* & sur *z*; en ayant égard au premier angle. La gradation des racines des lieux peut encore faciliter cette recherche; & ces sortes de déterminations peuvent servir à faire connoître les courbes dont la formation seroit inutile.

9°. Les égalitez auxiliaires peuvent se reduire à des inégalitez dont toutes les quantitez sont connuës, & il peut encore arriver que les reduites de ces égalitez auxiliaires, ne renferment que des racines defaillantes. L'on tombe ordinairement dans ces inconveniens, lors que les lieux ſont donnez, ou que leurs paramétres ſont donnez, ou qu'ils ont entr'eux certains rapports qui retranchent quelque choſe de leur indetermination. Pour y remedier l'on introduira des indeterminées dans l'égalité propoſée ſelon la page 234. de mon Traité d'Algebre; & l'on ſuppoſera que l'inconnuë de l'égalité qui en reſulte eſt égale à une autre quantité indeterminée comme $\frac{f}{t} + h$. Enſuite on prendra f pour l'inconnuë, & on oſtera les fractions par les voyes ordinaires. L'égalité qui en viendra ſera telle que ſi on y applique la Methode, les égalitez auxiliaires auront pluſieurs indeterminées qui doivent ſervir à éviter, s'il eſt poſſible, les inconveniens que je viens de marquer.

Les Caſcades ſuffiront toûjours pour avoir les determinations qui ſont neceſſaires pour reſoudre ces égalitez. Mais on prévoit des cas où il ne seroit pas facile de les resoudre de la maniere la plus élegante par les seules Cascades ; & il faut d'autres moyens qui ne furent jamais écrits que je sçache, sur lesquels je vous entretiendray si vous le desirez.

Lors que les lieux sont donnez, on peut y introduire des indeterminées, afin de les transmettre dans leurs reduites, & de là dans les auxiliaires ; ce qui se fera naturellement par les regles ordinaires. On peut aussi en introduire dans la reduite des lieux : mais cette derniere maniere me paroist peu utile.

Comme les voyes generales engagent ordinairement à des grands calculs, il est à propos de hazarder quelques momens & quelques reflexions pour tâcher de voir si l'on ne pourroit découvrir une voye particuliere qui abrege.

Souvent il ne s'agit que du changement de quelques signes qui se peut

peut faire par le moyen des preparations ordinaires, ou bien par les transformations qui se pratiquent, en supposant que l'égalité proposée est produite par plusieurs autres. Ou en supposant que l'inconnuë est égale à la somme, ou au quotient de deux indeterminées, ou en faisant concourir ces menus moyens, &c.

Ceux qui ont dans la memoire un grand nombre de Theoremes Geometriques, peuvent en tirer quelque petit secours lors que les égalitez sont beaucoup plus composées qu'à l'ordinaire ; & ils peuvent presque toûjours réüssir avec ces Theoremes lors qu'il s'agit des égalitez communes. Pour cela il faut les passer en reveuë, pour voir si quelqu'un d'entr'eux donnera lieu à une construction particuliere plus expeditive que la construction generale. Et comme il y a quelques lignes courbes qui ont esté examinées avec soin par plusieurs Sçavans, il est bon encore de consulter leurs Ouvrages, & de leur demander s'ils n'ont rien à nous offrir pour abreger la recherche qu'on se propose.

Si les Lieux Geometriques étoient toûjours arbitraires, ce neuviéme Article pourroit estre utile sans être jamais necessaire; & il paroist que Monsieur Descartes en a supposé quelque connoissance, en donnant une regle pour resoudre les égalitez du sixiéme degré.

Comme il suppose le Compas commun avec une autre machine plus composée, on peut trouver l'origine de sa regle, en prenant un lieu au cercle à cause du compas, & en tirant de son autre machine le lieu que l'on voit icy.

$$y^3 - cyy + evy + cff = 0.$$
$$\qquad - ffy$$

Où l'on pourra voir qu'y est l'expression de chaque ordonnée, v l'expression de sa distance, & que toutes les autres lettres sont des paramétres selon nos suppositions.

Si l'on y applique la Methode que nous expliquons icy, en prenant un lieu au cercle, la disposition des termes de la reduite fera voir que les signes peuvent devenir alternatifs ; & c'est apparemment pour cette raison-là qu'il suppose cette même disposition dans chaque égalité du sixiéme degré, quoy qu'il eust pû faire autrement, & se servir des mêmes lieux. Selon cette supposition, le cercle ne sçauroit rencontrer les autres courbes que dans le premier, & dans le quatriéme angle de leur axe, qui est aussi l'assymptote d'une de ces courbes ; & l'on voit aussi qu'il n'en cherche point ailleurs. Monsieur Descartes suppose aussi que la quantité connuë du troisiéme terme de l'égalité proposée, doit estre plus grande que le quarré de la moitié de celle du second ; & on verra clairement l'origine de cette ſuppoſition ſi l'on ſe donne la peine de reſoudre les égalitez auxiliaires qui ne ſont que mediocrement compoſées. Mais pour revenir à mon ſujet, je dis qu'on peut donner l'une & l'autre preparation à chaque égalité du ſixiéme degré, en introduiſant une ſeule indeterminée, comme on le peut voir icy.

Si la propoſée eſt $h^6 - nh^5 - ph^4$ &c. on ſuppoſera $h = y + f$, & la ſubſtitution donnera cette reduite.

$$\begin{array}{lll} y^6 & + 6fy^5 & + 15ffy^4. \ \&c. \\ & - ny^5 & - 5nfy^4 \\ & & - py^4 \end{array}$$

La moitié du ſecond terme eſt $3f - \frac{1}{2}n$ dont le quarré étant retranché du troiſiéme terme, le reſte eſt $6ff - 2nf - p - \frac{1}{4}nn$ & ce reſte doit eſtre poſitif. Ce qui eſt toûjours aiſé, à cauſe que la plus haute puiſſance d'ſ eſt poſitive, & qu'ainſi l'on peut tres-facilement ſubſtituer à ſa place une quantité connuë qui détruiſe toutes les negatives. L'on peut auſſi voir aiſément que par le même moyen tous les termes d'*y* peuvent devenir poſitifs, & qu'étant poſitifs il ne reſte plus qu'à changer les ſignes des lieux pairs, comme l'a dit Monſieur Deſcartes, pour leur donner à tous les conditions qui ſont requiſes.

On peut encore ſe ſervir des indeterminées, & des diverſes reduites de la propoſée, pour faire que *a* & *b* demeurent poſitifs. Mais il faut encore voir ce qui doit arriver dans la conſtruction lors qu'*a* & *b* changent de ſignes, & lors qu'ils ſont reduits à 0.

10°. On peut conſtruire ſous chacun des 4 angles que forment les deux axes, & conſtruire encore ſelon toutes les manieres que nous avons indiquées, lorſque nous avons dit comment on peut trouver la rencontre des courbes sous chacun des 4 angles de chaque axe.

Toutes ces differentes constructions sont marquées par les divers signes dont les égalitez primitives sont capables, & ces differens signes peuvent aussi indiquer ces constructions.

Chaque ligne qui a esté marquée comme positive, & qui devient negative par la Methode, doit se renverser pour la construction en une ou en deux manieres, selon qu'elle est terminée par un ou par deux points.

Si l'on a toutes les valeurs des lignes dont il faut composer une figure rectiligne, il est aisé de voir en combien de manieres la figure peut se construire, & de juger par là comment se doivent faire les renversemens exprimez par les valeurs negatives; parce que le dénombrement en est toûjours facile.

Si l'on a un Lieu Geometrique avec la ſituation de ſon centre, celle de ſon axe poſitive ou negative, avec la ſituation d'un de ſes angles, & l'affirmation ou la negation d'un ordonnée de cet angle, il eſt évident que la ſituation de la courbe eſt determinée.

Si l'on conſidere la troiſiéme figure, & ſi l'on compare *a* à *b*, *x* à *v*, *z* à *y*, on trouvera que les deux lignes comparées ſont l'une à l'égard de l'autre en ſituation reciproque.

Ces conſiderations ſeroient ſuffiſantes pour faire appercevoir les diverſes conſtructions que donne la Methode; mais il eſt bon encore de marquer les principales figures qui ſe peuvent former lors qu'*a* & *b* ceſſent d'être poſitifs.

Si *a* demeure poſitif & que *b* devienne negatif, la conſtruction ſe peut faire comme on la voit dans la quatriéme figure: Et ſi $b = 0$, on peut conſtruire comme dans la cinquiéme figure. Où l'on voit que le centre B vient en C.

Par là on peut voir quelles peuvent être les constructions que donneroit a negatif & a reduit à 0, si b demeuroit positif.

Lors qu'a & b deviennent tous les deux negatifs, la construction se pourra faire comme on la voit dans la sixiéme figure : Et on pourra construire comme dans la septiéme figure si chacune des indeterminées a & b est reduite à 0, en sorte que les centres A & B seront l'un & l'autre en C.

On peut encore diversifier les figures qui sont propres à chacun de ces changemens d'a & de b, selon qu'on supposera les inconnuës x. y. z. v. affirmatives ou negatives. Mais en faisant ces suppositions, il faut se bien ressouvenir des conditions qui determinent la situation des axes, & celle des courbes.

Les deux courbes se peuvent rencontrer au dessous de la jonction des axes comme dans la huitiéme figure, au point E. Elles peuvent se rencontrer à costé d'un axe negatif comme au point E dans la neuvéme, dixiéme & onziéme figure. D'où l'on peut inferer toutes les autres avec facilité.

Si ces constructions ne se font que par supposition comme dans l'Article huitiéme, ce changement fera varier les signes des égalitez primitives, & les reduites d'*x*, de *z*, d'*v* & d'*y* ne varieront aussi que par la disposition des signes : mais comme cette varieté est inutile si l'on admet la troisiéme preparation que nous avons donnée pour les égalitez dans la Methode des Cascades ; je ne voy pas qu'il soit utile de vous en parler icy plus amplement.

Pour les trois dernieres constructions & leurs reciproques ou leurs converses, elles peuvent servir pour faire des preuves semblables à celles dont les Geometres se servent ordinairement pour demontrer les resolutions du troisiéme, du quatriéme, du cinquiéme & du sixiéme degré; & l'on peut voir que la Methode que je viens de donner, porte toûjours avec soy le moyen de faire ces sortes de preuves sur chaque exemple particulier. Mais comme elles ne me paroissent pas suffisantes, je n'ay pas lieu de croire que vous en soyez satisfait. Cependant je ne sçaurois exposer icy en peu de mots celles qui me paroissent les meilleures, parce qu'elles supposent une Algebre speculative qui n'a point encore paru.

11°. Comme on introduiroit, par l'Article quatriéme, plusieurs indeterminées qui ne sont pas necessaires, & qu'on est porté à les rejetter; il faut prendre garde de ne pas détruire l'expression de l'ordonnée, ni l'expression de la distance, ni celles qui pourroient empêcher de parvenir à une reduite d'un degré aussi élevé que celuy de l'égalité proposée ni celles qui font tomber dans d'autres inconveniens que j'ay marqué cy-devant, ce qui pourroit arriver si l'on determinoit au hazard les paramétres qui paroissent superflus. Mais il est toûjours aisé d'éviter les écueils les plus considerables si l'on cherche la reduite des lieux avant que de toucher à l'indetermination. S'il s'agissoit de trouver toutes les diverses resolutions de chaque égalité, on s'appercevroit qu'il étoit à propos de placer les paramétres en toutes les situations où je les ay mis, & qu'il y a des cas où leur multitude seroit utile, s'il s'agissoit de trouver par ordre les resolutions les plus élegantes.

Au lieu de l'angle droit auquel je me suis fixé icy, on peut prendre un angle oblique à volonté, & y accommoder la Methode avec une grande facilité.

Encore que je n'aye point donné icy plusieurs choses qui sont necessaires à la perfection de la Methode; je crois en avoir dit assez pour faire comprendre que la difficulté est reduite à l'Algebre, & que cette science en l'état où elle est, suffit avec un peu de Geometrie, pour monrrer l'origine des resolutions les plus extraordinaires qu'on a données jusques à present sur le sujet dont il s'agit. Il est évident aussi que par là on peut aller infiniment plus loin qu'on n'a encore esté dans cette recherche, sans rien attendre du hazard, & former des canons en Geometrie dont l'invention seroit tres-difficile sans ce secours-là.

Je ne vous dis pas qu'on peut toûjours employer un lieu du premier degré avec un lieu d'un degré égal à celuy de l'égalité proposée; parce que cela est évident, & qu'on ne doit s'en servir que pour les égalitez du premier & du second degré.

degré. Je ne vous parle point non plus des lieux aux angles, ni de plusieurs autres lieux qui peuvent servir à abreger & à diversifier la Methode precedente.

On peut former des courbes dont l'axe soit aussi une ligne courbe, & supposer des égalitez dont les degrez ne puissent estre exprimez que par des nombres irrationnels, &c. Mais ces courbes ni ces égalitez ne sont pas du sujet dont il s'agit, ainsi je ne vous en parleray pas davantage.

Je pourrois faire voir icy plusieurs erreurs où quelques Auteurs sont tombez en traitant la même matiere, & faire voir aussi combien leurs Methodes répondent peu à l'idée qu'ils en veulent donner. Mais l'experience montre assez la difference qu'on doit faire entre ces Methodes & les Methodes specifiques; & pour les erreurs des regles particulieres on ne doit pas s'en mettre beaucoup en peine, quand on a des regles generales & infaillibles pour le mesme sujet.

Encore que la Methode que je viens de donner convienne aux égalitez indeterminées, on ne doit pas pretendre qu'elle donne les lieux les plus simples qui doivent y servir: Et comme c'est un défaut considerable, selon les Geométres, d'employer les lieux d'un certain degré lors qu'on peut réüssir par des lieux moins composez; il seroit à souhaiter, pour cette raison-là, & pour d'autres aussi, qu'on eût la maniere de baisser ces sortes d'égalitez au degré le plus simple dont elles sont capables. J'ay rencontré heureusement un principe duquel je puis tirer cette Methode; mais comme je ne sçaurois la former sans faire un grand dénombrement, & un examen qui demande beaucoup de temps, je ne puis pas vous la donner presentement. Vous jugerez peut-être qu'elle n'est pas facile à faire, si vous considerez que Diophante ayant pour but principal de reduire au premier degré les égalitez indeterminées, qui sont d'un degré plus élevé, il demeure court luy & ses commentateurs lors qu'il s'agit de l'égalité $xx + yy = a$ que vous m'avez envoyée. Voici une Methode particuliere pour cela, qui resoudra vos doutes, en attendant que je puisse vous en envoyer une autre.

METHODE
POUR RESOUDRE
LES
PRINCIPALES QUESTIONS
DE DIOPHANTE.

IL y a plusieurs questions considerables dans Diophante dont la resolution n'a pas encore esté trouvée, & qui seroient faciles à resoudre si l'on avoit un moyen pour connoître les nombres qui sont composez de deux quarrez. La Methode que je donne icy pour cela n'aura jamais d'exceptions ; & l'on peut s'en servir jusques à ce qu'on en aura fait une autre qui soit plus commode.

DEFINITION.

Tout nombre premier qui n'est point la somme de deux quarrez en nombres entiers, s'appellera *Nombre exclusif.*

METHODE.

1°. Si le nombre donné est sans fraction, on le divisera par le plus grand de tous les quarrez qui le mesurent; & si le quotient de cette division ne peut pas estre mesuré par un nombre exclusif, le nombre proposé est toûjours la somme de deux quarrez.

2°. Mais si ce même quotient est mesuré par un nombre exclusif, ou par plusieurs nombres exclusifs, le nombre donné ne peut pas estre la somme de deux quarrez, ni en nombres entiers, ni en fractions.

3°. Si le nombre proposé est une fraction, on luy donnera un denominateur quarré, & si le numerateur est la somme de deux quarrez, la fraction proposée est toûjours la somme de deux quarrez.

4°. Mais si ce numerateur n'est point la somme de deux quarrez, la fraction proposée ne peut pas être la somme de deux quarrez, ni en entiers, ni en fractions.

Voicy des propositions dont l'assemblage forme une Methode, par laquelle on pourra s'asseurer de la precedente dans chacune des occasions où il s'agira de l'appliquer.

Methode pour demontrer celle qui precede.

AXIOME.

Tout nombre entier est nombre premier, ou le produit de plusieurs nombres premiers.

D'où il suit que si un nombre est mesuré par un nombre premier; ce nombre premier est un de ceux qui ont servi à produire le nombre mesuré.

I. PROPOSITION.

La ſomme de deux quarrez étant multipliée, ou diviſée par un quarré, ou par la ſomme de deux quarrez ; le produit & le quotient ſont toûjours chacun la ſomme de deux quarrez en nombres entiers, ou en fractions.

Pour la démonſtration, il ſuffit de voir que $\frac{aa + bb}{cc + dd}$ eſt la ſomme de ces deux quarrez $\frac{aacc + 2abcd + ddbb}{c^4 + 2ccdd + d^4}$ $\frac{aadd - 2abcd + bbcc}{c^4 + 2ccdd + d^4}$. On peut détruire ce dernier quarré, mais non pas l'autre ; & d'ailleurs tout quarré eſt la ſomme de deux quarrez en nombres entiers ou en fractions. Les autres cas ſont faciles.

I. Corrollaire. Si un nombre entier ne peut pas eſtre diviſé par un nombre excluſif, il eſt évident par l'Axiome, & par cette premiere Proposition, que ce nombre entier est la somme de deux quarrez en entiers ou en fractions. Et par là on peut s'asseurer du premier & du troisiéme Article de la Methode.

II. Corrollaire. Si la somme de deux quarrez est multipliée par un nombre qui n'est ni quarré, ni la somme de deux quarrez; le produit ne peut pas estre la somme de deux quarrez.

Si ce produit estoit la somme de deux quarrez, en le divisant par la somme qui a servi à le former, la division donneroit l'autre produisant pour quotient: & ce quotient seroit la somme de deux quarrez, suivant cette premiere Proposition. Mais ce quotient est égal à ce produisant, & ce produisant n'est ni quarré, ni la somme de deux quarrez, par l'hypotese. Donc, &c.

III. Corrollaire. Si un nombre proposé est divisé par un quarré, ou par la somme de deux quarrez, & si le quotient n'est ni quarré, ni la somme de deux quarrez, le nombre proposé n'est point la somme de deux quarrez.

Le Diviseur multiplié par le quotient donne un produit égal au nombre divisé. Ainsi par l'hypotese, & par le Corrollaire precedent, le nombre proposé n'est point la somme de deux quarrez.

II. PROPOSITION.

Si un quarré est mesuré par un nombre premier, ce même quarré est toûjours mesuré par le quarré de ce nombre premier.

Si l'on prend chacune de ces lettres *a. b. c. d.* &c. pour l'expression de tout nombre premier. La racine d'un quarré quelconque pourra être exprimée par $abbc^3d^7$ où l'on peut imaginer un plus grand nombre de lettres d'un degré quelconque, en supposant chacune égale à un nombre premier. On peut aussi en diminuer la multitude, en supposant chacune égale à l'unité. Mais pour se fixer si on prend $abbc^3d^7$ pour la racine d'un quarré en nombres entiers; ce quarré sera representé par $aab^4c^6d^{14}$. Et ce quarré est mesuré par *aa. bb. cc. dd.* D'où il est manifeste que ce quarré ne peut point estre mesuré par d'autres nombres premiers que par ceux qui ont servi à le produire suivant l'Axiome, & que le quarré produit sera toûjours mesuré par le quarré de chaque premier produisant. Donc, &c.

Cette proposition se prouveroit aisément par Euclide; mais j'ay voulu marquer en passant un principe plus general.

III. PROPOSITION.

Si *b* est un nombre qui n'est point mesuré par *a*, & si *a* est un nombre premier, le produit *ab*. ne peut pas estre mesuré par *aa*.

De plus, si *cc* est le plus grand quarré qui mesure *abcc*, le même produit *ab* n'est ni quarré, ni mesuré par un quarré.

Enfin, si *abzz* est mesuré par *aa*; le quarré *zz* est aussi mesuré par *aa*.

Les deux premiers cas sont faciles à démontrer. Cela posé, *aa* ne mesure point *ab*, & *abzz* est mesuré par *aa*. D'où il est clair que *zz* est mesuré par *a*. Mais par l'hypotese *a* est un nombre premier. Donc *aa* mesure *zz*, suivant la deuxiéme Proposition.

IV. PROPOSITION.

Si ayant divisé un nombre proposé par le plus grand des quarrez qui le mesurent, le quotient de cette division est mesuré par un nombre premier, & si ce nombre premier ne peut pas mesurer la somme de deux quarrez quelconques sans mesurer chacun de ces deux quarrez;

le nombre proposé ne peut pas estre la somme de deux quarrez, ni en nombres entiers, ni en fractions.

Démonstration. Soit *cc* le plus grand des quarrez qui mesurent le nombre proposé. Soit *a* le nombre premier qui mesure le quotient de *cc*, & qui ne sçauroit mesurer la somme de deux quarrez quelconques sans mesurer chacun à part. Soit *b* le quotient de *a*. Cela estant, le nombre proposé sera exprimé par *abcc*, où l'on voit que chacune de ces lettres *b*. *c*. peut signifier l'unité, si on veut, & que *c* peut estre pris pour un nombre entier aussi grand qu'on le souhaitera.

Si on divise *abcc* par *cc*, le quotient *ab* ne sera point quarré, ni mesuré par *aa*, suivant la troisiéme Proposition. Et par le troisiéme Corrollaire de la premiere Proposition, si *ab* n'est point la somme de deux quarrez, le nombre proposé *abcc* ne peut pas estre la somme de deux

quarrez.

quarrez. Il reste donc à demontrer que ab n'est point la somme de deux quarrez, ni en nombres entiers, ni en fractions.

Si l'on prend xx. yy pour l'expression de deux quarrez quelconques en nombes entiers, on aura $xx + yy = ab$, puisque le produit ab est mesuré par a, son égal $xx + yy$ sera aussi mesuré par a. Et par l'hypothese si $xx + yy$ est mesuré par a, chacun des quarrez xx, yy est aussi mesuré par a; d'où il suit que aa mesure chacun de ces quarrez, selon la deuxiéme Proposition. Donc la somme $xx + yy$ est mesurée par aa. Donc le produit ab, égal à cette somme, est mesuré par aa. Ce qui a esté prouvé impossible.

Si on pretend que ab est la somme de deux quarrez en fractions, que chacune de ces lettres t. v. z soit prise pour l'expression de tout nombre entier. Alors deux quarrez quelconques en fraction peuvent s'exprimer ainsi $\frac{tt}{zz}$ $\frac{vv}{zz}$ Donc, &c.

$$\frac{tt + vv}{zz} = ab.$$

Tout quotient multiplié par son diviseur doit donner un produit égal au nombre à diviser. Donc $tt + vv = abzz$. Et il est clair que si cette égalité ne peut pas estre resoluë en nombres entiers, il est impossible que ab soit la somme de deux quarrez en fractions.

Par un raisonnement semblable à celuy du premier cas, on démontre que chacun des quarrez tt & vv sera toûjours mesuré par aa, & que aa ne peut point mesurer ab. Donc zz est mesuré par aa, suivant la troisiéme Proposition; & par consequent chacun des quarrez tt, vv, zz, est mesuré par aa. Ainsi chacun de ces quarrez estant divisé par aa, chaque quotient sera un quarré en nombres entiers, suivant Euclide,

Supposons maintenant que *tt* & ont esté divisez par *aa*, & que les quotiens sont *rr. hh.* Supposons aussi que *zz* estant divisé par *aa*, le quotient est *xx.* Donc $rr + hh = abxx$.

Par de semblables raisonnemens on conclura que chacun de ces quarrez *rr. hh. xx* doit estre necessairement divisible par *aa*, & ainsi de suite à l'infiny. Cependant *rr* n'est qu'une partie aliquote de *tt.* D'où il suit que chacun des quarrez qu'on cherche en nombres entiers, seroit mesuré par un nombre infini. Ce qui est impossible. Donc, &c.

V. PROPOSITION.

Un quarré quelconque estant divisé par un nombre impair donné, Trouver tous les nombres qui peuvent rester aprés la division.

Ostez l'unité du nombre donné, & prenez la moitié du reste. Prenez aussi le quarré de cette moitié avec tous les autres quarrez qui sont plus petits. Divisez tous ces quarrez chacun separément par le nombre donné ; les restes de toutes ces divisions seront ceux qu'on s'est proposé de trouver.

Explication. Que 7 soit le nombre donné, ostant l'unité il restera 6, dont la moitié est 3. Le quarré de 3 est 9, & tous les quarrez au dessous de 9 sont 4 & 1. Divisant chacun de ces quarrez par le nombre donné, on trouve ces trois restes : 1. 2. 4. Ainsi un quarré quelconque estant divisé par 7. il restera necessairement un de ces nombres, 1. 2. 4. ou bien il restera 0, en prenant 0 pour la marque du rien.

Pour la démonstration. Soit *a* le nombre donné : divisant par *a* un nombre quelconque, le plus petit reste sera toûjours 0, le plus grand, toûjours $a-1$. & tous les autres sont tous les termes de la progression naturelle, 1. 2. 3. 4. 5. &c. jusques à $a-1$.

De plus, toute division peut devenir exacte, en ostant du nombre divisé ce qui reste aprés la division, ou en ajoûtant au nombre divisé la difference qu'il y a du diviseur au restant. Par exemple, si un nombre quelconque est divisé par 7, & si la division donne un reste réel, ce reste sera un de ceux cy.

1. 2. 3. 4. 5. 6.

Lors qu'il reste 6, en ajoûtant 1 au dividende, la division se fera exactement; & au contraire s'il reste 1, on rendra la division exacte en ostant 1. Ou bien pour dire la même chose en termes Algebriques, s'il reste 1, il faut oster + 1 du dividende, & s'il reste 6. il faut oster — 1. du même dividende, afin que la division se fasse sans reste. Par de semblables raisonnemens, s'il reste 2 on osteroit + 2, & s'il reste 4, il faudroit oster — 2. Continuant à faire de même, en prenant toûjours les deux termes également éloignez des extrêmes, il se trouvera que tous les restes réels seront exprimez en cette maniere dans notre exemple, + 1. —1. + 2. —2. + 3. —3. & ainsi des autres exemples, jusques à ce que le dernier reste contienne autant d'unitez qu'il y en a dans la moitié de l'impair diminué d'1, & alors on les a tous épuisez.

On sçait aussi que si un nombre est pris tantost affirmativement, & tantost negativement, son quarré est toûjours le même ; & on n'ignore pas ce qui arrive ordinairement en quarrant un binome. Cela posé, le quotient de toute division soit appellé *c*. Que 7 soit pris pour le diviseur donné. Alors tous les nombres entiers seront exprimez par la colomne marquée A.

A		B
$7c$	dont le quarré est	$49cc$
$\left\{\begin{matrix} 7c + 1 \\ 7c - 1 \end{matrix}\right.$	dont le Q.	$\left\{\begin{matrix} 49cc + 14c + 1 \\ 49cc - 14c + 1 \end{matrix}\right\}$
$\left\{\begin{matrix} 7c + 2 \\ 7c - 2 \end{matrix}\right.$		$\left\{\begin{matrix} 49cc + 28c + 4 \\ 49cc - 28c + 4 \end{matrix}\right\}$
$\left\{\begin{matrix} 7c + 3 \\ 7c - 3 \end{matrix}\right.$		$\left\{\begin{matrix} 49cc + 42c + 9 \\ 49cc - 42c + 9 \end{matrix}\right\}$

Et les quarrez en nombres entiers seront dans la colomne B.

Si on divise chacun de ces quarrez par le nombre donné, on voit clairement par la generation du quarré, que la division du premier par 7 donnera o pour restant, & que chacun des autres se diviseroit exactement par le nombre donné, si les petits quarrez 1. 4. 9. estoient divisibles par le nombre donné.

On peut voir aussi que chacun de ces petits quarrez aura toûjours pour racine un des termes de la progreſſion naturelle, 1. 2. 3. &c. dont le dernier terme doit eſtre la moitié de l'impair donné, aprés avoir oſté l'unité de cet impair. Et qu'ainſi on pouvoit abreger l'operation, & reſoudre la queſtion, en faiſant ſeulement ce que le Problême preſcrit.

On auroit pû marquer le diviſeur par une lettre, au lieu de le marquer par 7. Mais je me ſerois rendu moins intelligible; & il me paroiſt qu'on peut voir fort aiſément l'univerſalité de cette propoſition.

Corroll. Si on prend deux de ces petits quarrez, autant de fois qu'il eſt poſſible, ſi on diviſe la ſomme de chaque priſe par le nombre donné, & s'il reſte toûjours quelque choſe, excepté quand on diviſe la ſomme qui a eſté faite en ajoûtant zero avec zero: il eſt clair que ſi la ſomme de deux quarrez quelconques eſt meſurée par le nombre donné, ce nombre meſure auſſi chacun de ces quarrez. Par exemple, si on prend autant de fois qu'il est possible la somme de deux quarrez, parmi les petits quarrez de la démonstration precedente, on aura 0 + 0. 0 + 1. 0 + 4 0 + 9. 1 + 1. 1 + 4. 1 + 9. 4 + 4. 4 + 9. 9 + 9. Et chacune de ces sommes étant divisée par 7, il reste toûjours quelque chose, hormis dans le cas où zero est ajoûté avec zero. D'où il est évident que si la somme de deux quarrez quelconque est mesurée par 7, chacun de ces quarrez est necessairement divisible par 7, & par consequent un nombre ayant esté divisé par son plus grand quarré, s'il donne 7*b* pour quotient, on prouvera par la Proposition quatriéme que ce nombre n'est point la somme de deux quarrez, ni en nombres entiers, ni en fractions.

Le seul quotient 7*b* exprime une infinité de nombres differens qui ne ſont point la ſomme de deux quarrez ; & chacun de ces nombres étant multiplié, ou diviſé par un quarré, ou par la ſomme de deux quarrez, chaque produit & chaque quotient ne peut pas eſtre la ſomme de deux quarrez, par le Corrollaire de la premiere Propoſition.

Ainſi on a dans un ſeul exemple une infinité de progreſſions infinies dont chaque terme ne peut pas être la ſomme de deux quarrez, ni en entiers, ni en fractions.

Pour faire une ſemblable démonſtration ſur chacun des nombres qui ne ſont pas la ſomme de deux quarrez. Aprés avoir pratiqué le ſecond Article de la Methode, on prendra un des nombres excluſifs qui diviſent le quotient du nombre propoſé, & on le nommera *a*. Le ſecond quotient, je veux dire celuy que donne le nombre excluſif, ſera appellé *b*. Et cherchant à diviſer la ſomme de deux quarrez quelconques par l'exclusif *a*, on trouvera toûjours que chacun de ces quarrez sera necessairement mesuré par *aa*. Ainsi on pourra prouver par la quatriéme Proposition, l'impossibilité de trouver deux quarrez dont la somme soit *ab*, ni en nombres entiers, ni en fractions. Et par consequent &c. Toutes ces propositions ne suffisent pas pour démontrer que les nombres sans fractions qui ne sont point composez de deux quarrez en entiers, ne peuvent pas estre la somme de deux autres quarrez en fraction; mais elles forment une Methode qui estant appliquée à chaque nombre donné, produira toujours l'effet qu'on peut desier sur cela; & vous pouvez vous en servir jusques à ce que vous aurez un meilleur moyen pour réüssir dans cette recherche. Cependant on peut voir par le moyen des Corrollaires & des remarques suivantes, & sans sortir de la voye où je suis entré, qu'on ne doit point craindre de l'appliquer inutilement. Vous y verrez aussi des progressions infinies sur les nombres qui ne sont point composez de trois quarrez.

II. Corroll. Chacun des petits dividendes $0 + 1$. $0 + 4$ &c. doit estre la somme de deux quarrez en nombres entiers seulement.

III. Corroll. Le diviseur est toûjours un nombre exclusif. Donc l'unité ne peut pas estre le quotient, parceque le diviseur seroit un quarré, ou la somme de deux quarrez, contre les suppositions. Et par là on voit aussi que le dividende ne peut pas estre nombre premier.

4°. Chacun des petits dividendes ne peut pas estre la somme de deux quarrez égaux; car ce seroit $2xx = a$. Donc $xx = \frac{1}{2}a$. Donc $\frac{1}{2}a$ seroit nombre entier. Donc a ne seroit pas nombre premier, contre l'hypotese. Donc il est inutile d'a-

joûter

joûter chacun de ces petits quarrez avec luy même pour former les petits dividendes.

5°. Le plus grand de tous ces quotiens est plus petit que la moitié du diviseur. Pour le prouver la moitié de a est $\frac{1}{2}a$, le quarré de cette moitié est $\frac{1}{4}aa$. auquel ajoûtant $\frac{1}{4}aa$, la somme est $\frac{1}{2}aa$; cette somme divisée par a, le quotient est $\frac{1}{2}a$. Mais si on compare toutes ces operations avec la cinquiéme Proposition, & avec le premier & le quatriéme Corrollaires qui precedent, on s'appercevra aisément que j'ay augmenté icy le dividende en deux endroits sans changer le diviseur. Et par consequent le veritable quotient est plus petit que $\frac{1}{2}a$. D'où il suit que le dividende ne peut pas estre

L

un quarré ; car le diviseur estant nombre premier, son quarré diviseroit le dividende ; & il est clair que ce dividende est plus petit que ce quarré. Ainsi il est inutile d'ajoûter zero avec chacun des petits quarrez pour former les petits dividendes.

Par là on voit aussi que le diviseur & le quotient sont nombres premiers entr'eux. Et si avec cela on compare la generation des nombres entiers, qui sont composez de deux quarrez, en nombres entiers seulement, on conclura qu'il n'y a que le seul dividende o + o qui puisse permettre une division exacte : Et par consequent tout nombre entier qui n'est point ni quarré, ni la somme de deux quarrez en nombres enentiers, ne pourroit pas estre la somme de deux quarrez en fractions. Mais on peut voir icy la difficulté insurmontable de trouver une exception à la Methode. Voicy un autre moyen pour cela.

Le diviseur estant toûjours a, & chaque petit quotient estant exprimé par d, on est reduit à $\frac{vv+ss}{a} = d$. Donc $vv+ss = da$.

Si on applique la Methode à cette égalité, on divisera ad par son plus grand quarré, & par les Corrollaires precedens, le quotient pourra s'exprimer ainsi ea. Donc $bb+ll = ea$, & ainsi de suite à l'infiny : où l'on observera, 1°. que les multiplians de a diminueront de plus en plus, & qu'ils ne peuvent pas diminuer jusques à l'unité. 2°. Que si aprés avoir divisé chaque quotient par son plus grand quarré, il se trouve toûjours que chaque multipliant de a soit mesuré par un nombre exclusif; ce nombre exclusif deviendra toûjours de plus petit en plus petit jusques à ce que l'on soit parvenu à 3; & alors si on y applique la Methode, la question est impossible; & l'impossibilité est évidente si on agit sur 3 comme on a agi sur a

dans la quatriéme Proposition. 3°. Que si le multipliant de *a* n'est point mesuré par un nombre exclusif, ce multipliant est toûjours la somme de deux quarrez par le premier Corrollaire de la premiere Proposition. Voicy encore d'autres observations sur ce sujet, où l'on verra que tous les nombres ne peuvent pas estre composez de trois quarrez, avec d'autres moyens pour abreger la Methode, & pour en voir la certitude.

Tout quarré pair estant divisé par 8, il reste ou 0, ou 4.

Si un quarré impair quelconque est divisé par 8, il reste toûjours 1.

Donc la somme de deux quarrez quelconques estant divisée par 8, la division donnera toûjours un de ces restes, 0. 1. 2. 4. 5. Donc il ne restera jamais 7 en divisant par 8 la somme de trois quarrez quelconques.

Et de-là il n'est pas mal-aisé de conclure que dans chacune de ces égalitez *xx* + *yy* = *e zz. vv* + *ſſ* + *bb.* = *f tt*, chacun de ces quarrez *xx. yy. zz. vv. ſſ. bb. tt.* ne doit pas eſtre neceſſairement meſuré par un quarré ; à cauſe qu'en diviſant ces égalitez par ce quarré, celles qui en reſulteroient pourroient encore eſtre exactement diviſées par ce quarré, & ainſi de ſuite à l'infiny ; ce qui eſt impoſſible. Ainſi il n'eſt pas neceſſaire que 8 ſoit la meſure commune de ces quarrez, parce que 4 ſeroit auſſi neceſſairement leur commune meſure.

Par la premiere on voit que ſi un nombre eſt diviſé par 4, & ſi le reſte eſt 3, ce nombre ne peut pas eſtre la ſomme de deux quarrez ; ou bien pour le dire autrement, ſi un nombre eſt diviſé par 8, & ſi la diviſion donne un de ces trois reſtes 3. 6. 7. ce nombre n'eſt point la ſomme de deux quarrez, ni en entiers, ni en fractions. Ou encore, ſi on forme & ſi on continuë à l'infini cette progreſſion Aritmetique, 3. 7. 11. 15.

19. &c. chacun de ses termes ne peut point estre la somme de deux quarrez, ni en nombres entiers, ni en fraction.

Comme les nombres exclusifs se trouvent dans cette progression, & que chacun de ces nombres estant multiplié par la somme de deux quarrez, ne peut pas produire la somme de deux quarrez, on peut voir de là & du dernier Corrollaire de la derniere Proposition de la Démonstration, que l'on ne peut pas trouver une exception à la Methode; & qu'ainsi on ne doit pas craindre qu'elle manque quand on l'applique.

Par l'egalité $vv+ff+hh=btt$, on peut voir qu'un nombre proposé n'est point la somme de trois quarrez, ni en entiers, ni en fractions, pourveu que le reste de la division soit 7, lors qu'on divise ce nombre proposé par 8. ou bien pour le dire en d'autres termes, si on prend *c* pour l'expression de tout nombre entier, tout nombre exprimé par $8c + 7$, ou par $8c - 1$. ne peut point estre la somme de trois quarrez, ni en entiers, ni en fractions.

Voicy un des moyens dont on peut se servir pour abreger la Methode.

Le nombre estant donné, retranchez tous les zeros qui le terminent.

Si le resultat est pair, prenez-en la moitié, puis la moitié de la moitié, & ainsi de suite jusques à ce qu'il soit impair.

Estant impair, divisez-le par 4, & s'il reste 3, vous conclurez qu'il n'est point la somme de deux quarrez, ni en nombres entiers, ni en fraction.

S'il ne reste pas 3, & si ce nombre est terminé par 5, doublez le nombre donné, & retranchez tous les zeros qui terminent son doublement. Continuez à faire le semblable jusques à ce qu'il ne sera plus terminé par 5.

Cherchez le plus grand quarré qui divise sans reste le dernier quotient ; & si en le cherchant par les voyes ordinaires il arrive que la multitude des divisions, par un même diviseur exclusif, soit exprimée par un nombre impair, alors sans aller plus avant, supposez ce diviseur égal à *a*, & le dernier quotient égal à *b*, & y appliquez la quatriéme Proposition de la démonstration.

Ne combinez point entr'eux tous les petits quarrez dont le plus grand est moindre que le diviseur *a*. Divisez chacun de ces quarrez separément pour joindre les restes, & n'oubliez pas les autres abreviations qui sont marquées dans les Corrollaires de la cinquiéme Proposition.

FIN.

AVERTISSEMENT.

LE Traité d'Algebre que M. Rolle donna au Public il y a environ un an, ayant esté lû avec soin par des personnes fort versées dans cette Science, elles ont trouvé que les fautes d'impression ne sont pas toutes marquées dans l'Errata de ce Livre : & comme il y en a qui pourroient empêcher d'entendre les Regles qu'il renferme, on a jugé à propos de les marquer icy.

Dans l'Errata même, au lieu de $z = 1$. *qui est pour la page* 54. il faut écrire $x = 1$.

Dans la 10 *page, ligne* 29 *au lieu de* $- + b$. lisez $-c. + b$. *Dans la même page, ligne* 30 *il faut que la fraction litterale soit precedée d'un p en cette maniere :* $p^{\frac{-c+b-d}{n-r}}$

Page 58 lignes 3 & 6. on écrira $\frac{5}{3}$ *au lieu de* $\frac{3}{5}$

Page 68 ligne 14 il faut écrire deux *au lieu de* trois.

Dans la page 77 on peut retrancher le 7. exemple, parce qu'il n'eſt point neceſſaire, ou bien le corriger en cette maniere : ligne 4 liſez $5z + 60$. *au lieu de* $16z + 12$. *Ligne 5* liſez $5ſ = 5z + 60$. *au lieu de* $16ſ = 16z + 12$. *Ligne* 6 liſez z *au lieu de* h.

Page 83 ligne 2 liſez $8-h = 0$ *au lieu de* $8-h$. *Ligne 5* liſez 7 *au lieu de* 9.

Page 107 ligne 6 liſez $2346z^3 - 8513zz$ *au lieu de* $246z^3 - 513zz$

Dans la même page, lignes 9 & 10 liſez 0 *donne* —. *1000 donne* +

Page 114 écrivez $+ 3 =$ *au lieu de* $+ =$.

Page 115 *ligne* 13 écrivez $+ 1x$ *au lieu de* $- 1x$. *Dans la même page ligne 32* écrivez $+ 1x - 1$ *au lieu de* $- 1x + 1$. *Et dans la même page encore ligne* 35 écrivez $+ 100x - 10000$ *au lieu de* $- 100x + 10000$.

Page 127 *ligne* 24 écrivez -3780 *au lieu de* $+3780$.

Page 134 *ligne* 33 lisez $4v^{3}$ *au lieu de* $4v^{4}$.

Page 231 *ligne* 2 *aprés le mot de* temps *ajoutez-y*, cette operation se fait necessairement.

P. 244 *l.* 20 lisez z^{6} *au lieu de* z^{8}.

Page 245 *ligne* 8 lisez $xzz + yz$ *au lieu de* $xzzy + z$.

Page 246 *ligne antepenultième* lisez cz *au lieu de* c.

Page 247 *ligne* 12 lisez $+qq$ *au lieu de* $-qq$. *Dans la même page ligne* 13 lisez $-pv = 0$ *au lieu de* $-pv$, & c^{3} *au lieu de* c.

Page 248 *ligne* 23 lisez $-qq-rnn$ *au lieu de* $-qq$.

Page 252 *ligne derniere* lisez $-pz$ *au lieu de* $-p$.

On observera que le signe $=$ *est la marque d'egalité dans cet avertissement aussi-bien que dans ce livre, & que dans la derniere ligne de la* 53 *page il faudroit écrire* AOD, *au lieu de* OAD, *pour l'uniformité de l'arrangement.*

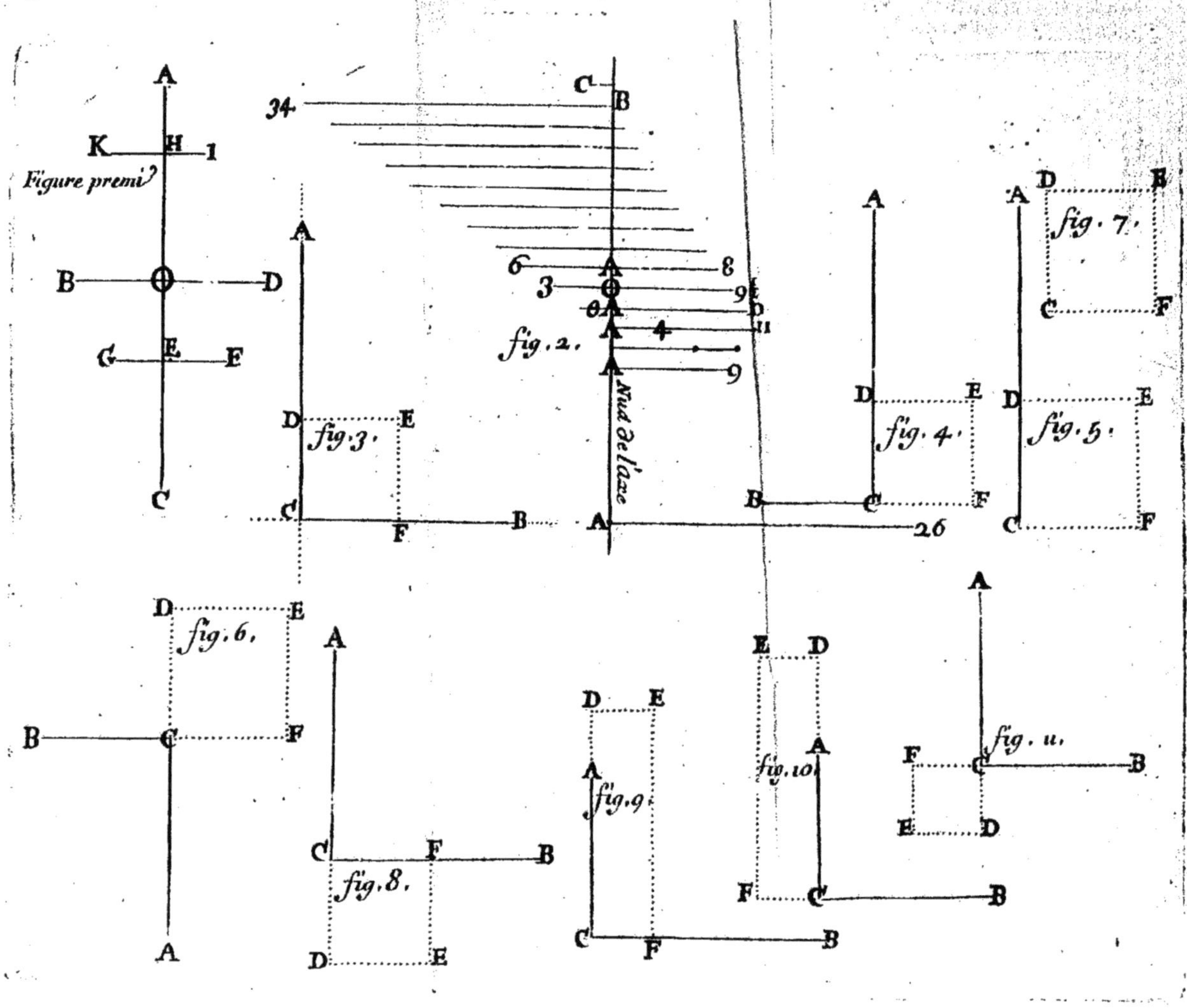
Figure premi?
fig. 2.
Nud de l'axe
fig. 3.
fig. 4.
fig. 5.
fig. 6.
fig. 7.
fig. 8.
fig. 9.
fig. 10.
fig. 11.

www.ingramcontent.com/pod-product-compliance
Ingram Content Group UK Ltd.
Pitfield, Milton Keynes, MK11 3LW, UK
UKHW021058200726
13857UKWH00003B/1000